28天减脂瘦身轻食计划

李晖 著

中国轻工业出版社

图书在版编目（CIP）数据

28天减脂瘦身轻食计划 / 李晖著 . — 北京：中国轻工业出版社，2024.3

ISBN 978-7-5184-3589-0

Ⅰ．①2… Ⅱ．①李… Ⅲ．①减肥－食谱 Ⅳ．①TS972.161

中国版本图书馆CIP数据核字（2021）第139182号

责任编辑：胡　佳　　责任终审：劳国强
设计制作：锋尚设计　　责任校对：晋　洁　　责任监印：张京华

出版发行：中国轻工业出版社（北京鲁谷东街5号，邮编：100040）
印　　刷：北京博海升彩色印刷有限公司
经　　销：各地新华书店
版　　次：2024年3月第1版第4次印刷
开　　本：710×1000　1/16　印张：12
字　　数：200千字
书　　号：ISBN 978-7-5184-3589-0　定价：49.80元
邮购电话：010-85119873
发行电话：010-85119832　010-85119912
网　　址：http://www.chlip.com.cn
Email：club@chlip.com.cn

240382S1C104ZBW

推荐序

献给正在寻找科学减重方法的人们

健康中国行动（2019-2030年）是2019年6月底前由国家卫生健康委负责制定的发展战略，围绕疾病预防和健康促进两大核心。重大行动第一条是健康知识普及行动，第二条是合理膳食行动。合理膳食是健康的基础。研究结果显示，饮食风险因素导致的疾病负担占到15.9%，已成为影响人群健康的主要危险因素。

工作中我会接触到很多有减重需求的人士，大家在减重过程中存在很多误区，尤其是对“轻食”。很多人以为找到了能让自己快速瘦下来的“灵丹妙药”，还有很多人吃错了“轻食”，导致体重反弹。

本书可以说是营养健康科普领域的“及时雨”，具有很强的专业性、针对性、实用性和独特性。作者从自身扎实的专业积累和全周期的实践过程出发，用图文并茂、轻松易懂的方式实现了健康科普过程中的专业知识生活化、营养常识体系化、操作方法具体化、健康成效可视化。用翔实的数据对比、严谨的逻辑论证、丰富的案例分析澄清了人们惯性思维造成的“误解”，呈现了健康生活的可实现路径，也为读者朋友们搭建了交流营养心得、传递健康理念、攀登科学高峰的阶梯。

让我们一起“手不释卷”，健康相伴！

沈阳市健康管理学会会长　黄成超

前言

享受健康轻食，轻松减脂瘦身

作为一名国家注册审核员，严谨的工作态度让我对日常饮食也多了一份认真。真正深入接触营养还是源于一段高压工作状态：连续一个月近乎失眠，导致全身内分泌紊乱。从那时起，我开始了将为之追求一生的营养事业。

经过多年的学习与实践，我成为一名营养讲师、高级餐饮服务食品安全师以及国家首批餐饮服务量化分级评审员，除了在电视、网络等媒体讲授科学的营养知识外，我作为“辽宁食育推动计划”志愿者，也一直致力于儿童的食育工作。

近几年在科普营养知识的过程中，我接触最多的就是关于减脂、轻食、低卡一类的话题。朋友圈、自媒体平台甚至大街小巷都会看到“轻食”这个词，有轻食产品、轻食模式，还有经营减脂餐类的轻食餐厅。这说明了人们健康意识的提高。但在这个过程中，我们应该了解如何选择真正适合自己的轻食，是一盘油溢于盘的素菜？一盘并不能达到每日摄入量而又生冷的蔬菜？还是近乎节食的超低卡饮食？

我在这本书里将结合这些问题介绍什么是我们应该选择的健康轻食方式，尽量从我们中国人的饮食习惯出发，设计出 28 天、符合中国胃的轻食菜单，所选食材均为容易买到的品类。制作过程简单，又加入了我多年积累的烹饪技巧，让你可以轻松地享受轻食带来的健康。

健康是我们需要学习和经营一生的事业，并非一朝一夕就能够实现，本书也许并不能在短时间内让你的体重下降到理想状态，却可以让你逐渐养成健康的饮食习惯，找到适合自己的健康与美丽的平衡点，不知不觉中发现身体越来越轻盈。

感恩生命中的每一次遇见，感恩我的健康饮食理念刚好被你所喜欢！

李晖

Part 1

轻食有话说

Part 2

28天轻食计划

Part 1 轻食有话说

轻食的自我介绍

嗨，大家好，我是轻食。

近年来，在追求健康和美丽的人士大力推崇下，我渐渐被人们所熟知。

其实我并不是现在才冒出来的。一些欧洲国家的午餐便具有轻食的意思，即在繁忙工作之间食用，不同于丰富的早、晚餐的一种简餐，目的只是填饱肚子；还有一种轻食是由下午茶演变而来，即在休闲时食用、相对于正餐而言的一种少量餐食。

而在我国，轻食的概念更是早就存在，《黄帝内经》中记载："饮食自倍，肠胃乃伤。"意思就是过于饱食会给人们的健康带来危害。此外，很多医生、养生专家建议的"八分饱"，说的其实都是我——轻食。

想要真正了解我，还要从几个维度开始：

重量

从重量上来说，轻食要比平时用餐的重量少，更要避免暴饮暴食，这跟《中国居民膳食指南（2016）》中不同种类食物给出具体量化的建议概念相同。食物过量摄入会造成热量超标，同时也会给消化系统及心脏带来很大负担。而对于食物本身而言，正如"物无美恶、过则为灾"，再有营养价值的食物，过量食用也会给身体带来危害。所以，科学的摄入量是保证健康的前提。

扫二维码看视频
了解更多轻食知识

热量

说到热量，大家对“低卡”一定很熟悉，这也是近几年跟轻食一样被经常提到的词。根据每个人的身高、体重，《中国居民膳食指南（2016）》给出了每天适宜摄入热量值的计算方法。超过合理的热量值或摄入过多高热量食物，都需增加相应的运动进行消耗。如未能做到，过剩的热量就会被转化为脂肪储存在体内，日积月累就会导致高血糖、高血脂、高血压、高尿酸等慢性疾病的发生。

低卡分为低卡饮食和低卡食物，每日饮食摄入量低于推荐的热量值即为低卡饮食，食用后在体内产生的热量较低的食物即是低卡食物（一般来讲，每100克不超过40千卡）。低卡饮食有助于减肥，但也是有底线的，不能低于自己的基础代谢率。

基础代谢率（BMR）是指人体在清醒而又极端安静的状态下，不受肌肉活动、环境温度、食物及精神紧张等影响时的热量代谢率。通俗来说，就是一天24小时不吃不喝，不做任何事情的最低热量消耗。在年龄上，人到25岁以后，基础代谢率大约每10年下降5%～10%。

基础代谢率（BMR）计算公式

男性：BMR=10×体重（千克）+6.25×身高（厘米）-5×年龄+5

女性：BMR=10×体重（千克）+6.25×身高（厘米）-5×年龄-161

在算好基础代谢率后，我们还要考虑每天工作、运动的消耗量，最终得到每日低卡饮食的摄入量。如果摄入量低于消耗量，就会起到减重效果。但如果长期处在基础代谢率边缘的低卡饮食状态，在一段时间后虽然能减轻体重，但非常容易反弹。因为长时间摄入的热量达不到身体所需，身体会自动进入“保命”状态，这种情况下，吃下的食物绝大多数会保存为热量，同时，基础代谢率也会降低，当你某天食用超过这个值时，身体就会大量吸收，自然就会造成反弹，而这种做法对身体还会产生其他伤害。所以在选择低卡饮食的过程中，通常不建议低于一天所需总热量值的80%（如：女性=1800×0.8=1440千卡；男性=2250×0.8=1800千卡）本书是以女性日热量为1500千卡设计，男性可以在此基础上增加300千卡，应选择低脂、高蛋白、高纤维食物，如牛奶、鸡蛋、鱼、虾、去皮鸡肉、全麦面包、薯类等。此外，我们更应该注重的是在保证合理的膳食结构基础上选择低卡食物，再加上适量的运动，这样才能够健康减重。

食物构成

食物主料应选择营养密度高的低卡食物，而辅料也要注意减少油、盐、糖的摄入，这些都是造成热量超标的基本要素。此外，在构成上，尽量做到每餐都包括谷薯类、优质蛋白类、蔬果以及奶制品。

烹饪方式

常见的烹饪方式有煎、炒、烹、炸、涮、煮、炖、蒸、酱、烤、腌、拌等，其中蒸、煮、炖、烤、拌是适合轻食的烹饪方式，既可以防止食物中营养素过度流失，减少过量脂肪的摄入，还可以避免摄入高油温烹调所产生的有害物质。

现在你认识我了吗？总结起来，**轻食就是一种热量略低于推荐摄入量，营养密度高且低卡的食物，添加少量油、盐、糖，经过蒸、煮、炖、烤、拌等烹饪而成的健康饮食方式。**

轻食的误区

× 轻食就是不吃主食、不吃肉

人体热量主要来源于蛋白质、脂肪和碳水化合物，由于蛋白质对人体的特殊贡献，造成肥胖的责任就落在了脂肪和碳水化合物身上，想要减脂，人们就会自然想到不吃主食、不吃肉。

不吃主食在初始阶段是会有一定减重效果，但热量亏空的部分如果以蛋白质和脂肪来填补，会给肝肾增加额外的负担；若以蔬果来补充，又会因饱腹感不强，容易造成饥饿。如果总体热量摄入过低，降低基础代谢率，则体重会更加容易反弹。所以建议每天的主食摄入量不少于150克。

不吃肉的人主要是担心脂肪摄入会导致肥胖，其实除脂肪以外，肉类中还含有对人体有益的蛋白质和血红素铁等其他营养物质，而优质的脂肪对大脑的健康尤为重要。

扫二维码看视频
了解轻食的真相

长期不吃主食或不吃肉，只吃蔬菜和水果，从营养角度只提供了维生素、矿物质和膳食纤维，缺乏碳水化合物、蛋白质、脂肪三大产能营养素。这样不均衡的饮食会给身体带来极大的危害，如：皮肤粗糙、脱发、失眠、记忆力下降、代谢紊乱等。若体重经常反弹，还会造成胰岛素抵抗，增加糖尿病的患病风险。

轻食的理念是实行“三低一高”，即低糖、低盐、低油、高纤维，采用新鲜的食材，加以简单的烹饪方式，既满足身体的营养需求，又不增加额外负担。

×轻食等于节食

轻食不等于节食，轻食是在膳食结构和营养成分均满足人体正常需求的前提下，采用低热量、高营养、制作方式简单、口味清淡的健康饮食理念。而节食无论是摄入的热量还是营养都远不能达到身体的正常需求。节食虽然在短时间内会取得一定的减重效果，但长此以往会给身体带来极大的危害。

×轻食就是吃素食

市面上的轻食大多以沙拉形式展现，这就给人一种误解：是不是轻食就是吃蔬菜、水果这样的素食呢？其实不然，轻食在选材上是比较广泛的，主要遵循的是低热量、高营养、高纤维的特点，另外，烹饪方式也尤为重要，多采用蒸、煮、炖、拌等低油、低盐、低糖的方式，呈现的是营养均衡、口味清淡的健康饮食。而一些传统素食菜肴因为重口味的制作方式，也不能归为轻食一类，如：地三鲜、豆豉鲮鱼莜麦菜、干煸豆角等。

×轻食一定能减肥

吃轻食一定会瘦下来，这也是对轻食的一种误解。轻食是一种健康的饮食方式，长期坚持食用，会让你在收获健康的同时也能收获好身材。但要确定你吃的是健康的轻食，而不是一份蔬菜加上一盒脂肪含量超标的沙拉酱，这样不仅不能减肥，还可能会造成营养不良型肥胖。而如果之前通过节食减肥，让身体的代谢率失衡，那就需要较长时间用健康轻食来让身体达到营养均衡的状态，身体的各项功能才能得以正常运转。

轻食生活并不难

轻食营养公式

制作轻食并没有想象中那么复杂，只要每餐遵循营养均衡的膳食构成就可以做到，归纳为如下：

轻食=主食（复合碳水：全谷物、薯类）+主菜（优质蛋白：鱼、肉、蛋、豆类）+配菜（维生素、矿物质：蔬菜、水果类）+饮品（奶、汤类）

只要日常将这个营养公式渗透到每一餐中，即使是简单的一碗面，也可以做到营养均衡。

烹饪过程中的营养素保护

1. 适度清洗

清洗过程尽量避免对食材过度搓洗和多遍淘洗，可有效避免水溶性维生素的损失。

2. 先洗后切、现做现切、宁大勿小

食材切配的大小、切配后的放置时间长短都会因为接触面的氧化程度造成不同的营养素损失。因此建议制作前先洗后切，切完即制作，切配时，在工艺允许范围内尽量大一些。

3. 适当加醋

酸性物质可以增强维生素的稳定性，防止其被破坏，在烹饪过程中适当加醋，可有效减少维生素 B_1、维生素 B_2、维生素 C 等营养素的损失。

4. 根据食材选择适宜的烹饪方式

对于含水溶性维生素较多的食材，适宜用急火快炒的烹饪方式，避免水溶性维生素流失的同时，还可以去除一定量的草酸和植物酸，有利于人体对食材中钙的吸收。对于整只鸡、鸭或是其他肉类食材，可采用先急火后慢火的烹饪方式，这样可以很好地保留食材本身的鲜味汁液，增加菜肴的风味。

合理的烹饪温度

现在市售的成品油大多为熟制油，烹饪时无须加热至烟点。事实上，油脂加热至烟点，极易产生反式脂肪酸，散发的油烟会对呼吸道和肺部造成很大危害。建议油烧至温热后加入食材，煸炒至断生后加水改为炖制，口味差别极小，却是非常健康的烹饪方式。

烹饪用油的选择

市面上的食用油有很多选择，不同种类的油在使用上各有优势。根据烹饪方法总结如下:

- 煎炒：花生油、稻米油、茶籽油
- 炖煮：大豆油、玉米油、葵花籽油
- 凉拌：橄榄油、亚麻籽油、紫苏籽油、核桃油

特别注意

日常在用油过程中避免使用单一品种，不同种类的油适合不同的烹饪方式，买小包装，换着吃，才健康。

健康食材的选择

类别	食材	营养成分及功效
蔬菜类	多采用深色蔬菜，占每日蔬菜总量的一半以上，表现突出的有十字花科类的西蓝花、圆白菜、紫甘蓝、小白菜、芥菜、白萝卜、油菜等	富含一种叫芥子油苷的有机硫化物，有辅助预防和抑制肿瘤、抗氧化、抗菌和调节机体免疫等作用
	菌菇类：香菇、金针菇、口蘑	含有丰富的多糖类物质及膳食纤维，尤其是口蘑中含有天然的维生素D，可以促进钙的吸收
	胡萝卜、甜椒、番茄	类胡萝卜素、维生素C、番茄红素都是强抗氧化剂
海藻类	海带、紫菜、裙带菜	含有丰富的藻类多糖、可溶性膳食纤维、矿物质及对大脑有益的天然DHA
鱼类	秋刀鱼、三文鱼、鲈鱼、草鱼、青鱼、鲅鱼、银鱼等	优质蛋白质和ω-3脂肪酸的良好来源，有助于预防心脏病
肉类	瘦牛肉、瘦猪肉、里脊肉、去皮鸡肉、去皮鸭肉、鸡胗等	高蛋白、低脂肪
水果类	莓果类：草莓、蓝莓、树莓、黑莓	含有丰富的膳食纤维、抗氧化剂，热量较低
	苹果、梨、猕猴桃、橙子、桃、芒果等	低热量、高纤维
谷薯类	全谷物：小米、糙米、荞麦、燕麦、藜麦等	丰富的膳食纤维有利于肠道健康；延缓血糖升高的速度，利于控制餐后血糖；饱腹感强，有利于预防肥胖
	薯类：土豆、南瓜、红薯、紫薯、山药等	富含膳食纤维、多种维生素、花青素等
坚果类	花生、巴旦木大杏仁、腰果、核桃、榛子、松子、开心果等	含有对身体有益的不饱和脂肪酸、B族维生素、维生素E、膳食纤维、多种矿物质等，其含有的植物固醇，能很好地减少胆固醇的吸收和利用
奶类	低糖的纯牛奶、酸奶及其他奶制品、低脂奶酪制品	钙含量丰富

Part2
28天
轻食计划

常备食材

全麦面团

“万能面团”可以随时制作健康美食，原味的或夹馅的，烤面包、蒸馒头、豆沙包、馅饼都能做。

15分钟　242千卡/份

用料（4份）

高筋面粉…200克　白砂糖…10克
全麦面粉…50克　水…160毫升
盐、酵母粉…各3克　橄榄油…5毫升

做法

1 水中加入酵母粉化开。加入全麦面粉、高筋面粉、盐和白砂糖，用刮刀拌成面团。

2 加入橄榄油，抓匀。用厨房用纸在保鲜盒中擦薄薄一层油防粘。冷藏发酵。

TIPS

1 面团含水量大，一开始用刮刀拌，加油后可以用手抓成面团。

2 面团放冷藏室最上层可存放3～5天，可分成4份，每份即是一次的食用量。也可以整形发酵好，冷冻保存，用时取出直接烤制。还可以一次烤好，冷冻保存，用时加热一下。

腌制鸡腿肉

鸡腿肉比鸡胸肉口感更好，去皮后的热量也有所降低，日常可以跟鸡胸肉换着吃。

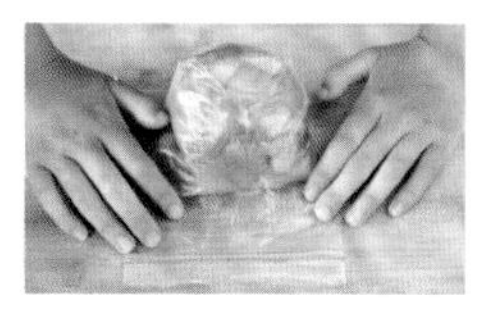

15分钟　116千卡/100克

用料

鸡腿肉…500克（约3个）　料酒、生抽、蒸鱼豉油…各10毫升
盐…1/2小勺　姜粉…1/2小勺

做法

1 鸡腿肉去皮、去骨、切小块。加盐、料酒、生抽、蒸鱼豉油、姜粉，搅拌均匀。

2 每100克分装一个保鲜袋，挤出多余空气。

3 密封后冷冻，使用前放入冷藏室解冻。

TIPS

1 鸡腿可在购买时让卖家去皮、去骨。

2 挤出多余空气可适当延长保存时间，挤出方式有三种，用手挤，用吸管吸出，用专用袋和真空棒抽真空。

腌制蒜香鸡胸肉

鸡胸肉高蛋白、低脂肪，被广泛应用在减脂增肌的食谱中。

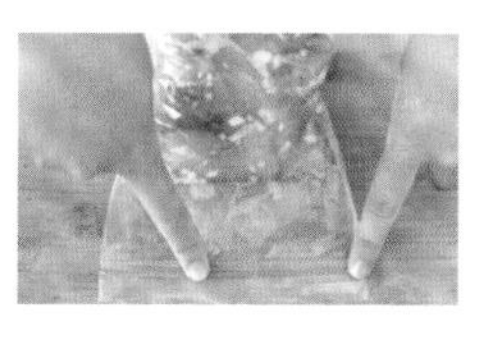

15分钟　118千卡/100克

用料

鸡胸肉…200克　盐…3克
苏打粉…1小勺　蒜…2瓣
料酒…10毫升

做法

1 鸡胸肉切小块，加入苏打粉、盐、料酒。

2 蒜切末，放入鸡胸肉中，搅拌均匀。

3 每100克分装一个保鲜袋，用手挤出多余空气。密封后冷冻保存，使用前提前解冻。

TIPS

1 苏打粉可起到嫩肉的作用。

2 挤出多余空气可适当延长保存时间。

腌制里脊肉

里脊肉的脂肪含量很低，而蛋白质含量却很高，热量仅是排骨的一半，减脂期可作为常用肉类食用。

15分钟　154千卡/100克

用料

里脊肉…100克　苏打粉…1/4小勺

盐…1/2小勺　料酒…10毫升

做法

1 里脊肉切片，装入保鲜袋，加入盐、料酒、苏打粉，揉捏入味。

2 密封口处留1厘米左右宽，插吸管，吸出空气。密封后冷冻保存，使用前需提前解冻。

腌制牛肉片

牛里脊肉高蛋白、低脂肪，氨基酸组成比猪肉更接近人体需要，肌氨酸对增肌特别有效。

15分钟　107千卡/100克

用料

牛里脊肉…300克　黑胡椒粉…1克

洋葱碎…10克　辣椒粉…2克

蒜末…5克　鱼露…2毫升

姜粉…1克　醋…3毫升

蚝油…10毫升　番茄酱…3大勺

蜂蜜…8毫升　红酒…2大勺

做法

1 牛里脊肉切片，加入其他材料，搅拌均匀。

2 放入保鲜袋里，倒入酱汁，用手揉捏入味。密封后冷冻保存，使用前需提前解冻。

腌制牛肉棒

肉类做成馅料调味后冷冻保存，解冻后可制作多种美食。比如烤制肉丸、做丸子汤、肉饼等。

15分钟　107千卡/100克

用料

牛里脊肉…200克　生抽、橄榄油…各1大勺

洋葱…50克　黑胡椒粉…1小勺

蒜…2瓣　孜然粉…1小勺

全麦粉…15克　鸡蛋…1个

盐…1/2小勺

做法

1 蒜放入料理机里打碎，加入洋葱打碎，加入牛里脊肉打成泥。加入其他材料调和均匀。

2 每100克放入一个保鲜袋中，整形成牛肉棒。挤出空气后卷起，放入真空保鲜袋，用真空棒抽真空。密封后冷冻，使用前需提前解冻。

豆腐虾肠

虾跟豆腐、鸡蛋做成香肠，冷冻保存，吃时微波炉加热，或煎、烤都可以。豆腐和虾都是补钙高手。

30分钟　　120千卡/份　2根/份

用料（6根）

南豆腐…40克　　虾…12只
玉米粒…30克　　（净虾仁…120克）
玉米淀粉…40克　　盐…2克
鸡蛋…1个

做法

1 虾去壳、去虾线，与南豆腐、鸡蛋、盐一起放入料理机中打成泥。

2 加入玉米淀粉继续搅拌，加入玉米粒搅拌均匀。装入裱花袋中，剪1厘米小口。

3 香肠模具内刷一层薄油，挤入豆腐虾泥，盖好盖子，冷水入蒸锅，蒸15分钟。

4 取出放凉后用保鲜膜包好，冷冻保存。也可以放入真空袋中，抽真空后冷冻保存。

TIPS

1 如果用生玉米粒，需要煮熟再加入。

2 玉米淀粉可以换成低筋面粉或中筋面粉。

红烧牛肉

红烧牛肉除了直接吃，做成浇头、搭配黑椒炒面均可。牛肉中的肌氨酸对增肌、增强力量有很好的效果。

60分钟　　160千卡/份

用料（5份）

瘦牛肉…500克　　桂皮…1小块
大葱…100克　　香叶…2片
姜…6片　　豆蔻…1粒
蒜…5瓣　　干辣椒…5个
八角…5个　　山茶油…20毫升
豆瓣酱…2大勺　　老抽…10毫升
料酒…60毫升　　番茄酱…2大勺
生抽…40毫升　　冰糖…10克

做法

1 大葱切段，姜、蒜切片，瘦牛肉切成3厘米见方的大块。

2 牛肉冷水下锅，加入一半的姜和料酒去腥，煮沸5分钟，捞出洗去浮沫后控干水分。

3 锅中加入山茶油，油热后放入葱、姜、蒜、干辣椒、八角煸香。加入牛肉翻炒。

4 加入番茄酱，均匀裹在牛肉上。加入剩余调料和热水，中火炖40分钟。

5 炖至汤汁略收干，放凉后用保鲜袋分装成5份，冷冻保存。

TIPS

1 食谱中没有盐，豆瓣酱和酱油中的盐足够。

2 焯牛肉时需冷水下锅，避免肉在急热环境下血水不出，肉发紧不好吃。

3 牛肉切大块，炖制时间足够，不用担心肉不烂，吃起来口感特别棒。

全麦红提欧包

事先做好面包，吃的时候拿出来烤一下，跟刚做出来的一样好吃，可以省下很多时间。

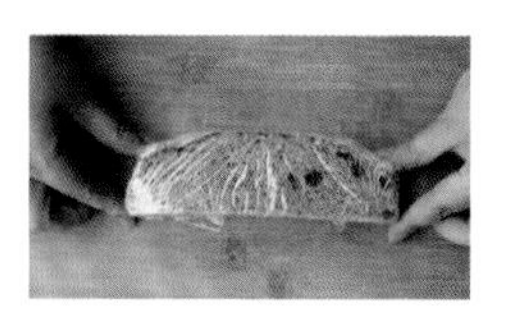

75分钟　　243千卡/份　2块/份

用料（4份）

高筋面粉…200克　　酵母粉…3克
全麦面粉…50克　　橄榄油…5毫升
盐…3克　　红提干…30克
罗汉果代糖…12克

做法

1 红提干加水浸泡10分钟。酵母粉和罗汉果代糖用水化开。

2 全麦面粉、高筋面粉、盐混合均匀后加入液体中，用刮刀拌成面团。加入橄榄油，揉成光滑的面团，加入红提干混合均匀。

3 烤箱里放一碗热水，将面团放入烤箱，发酵至两倍大。取出面团，用手轻拍，排出1/3的气体，然后从上至下轻轻折叠，再从左向右叠，收口成圆形，继续发酵30分钟。

4 取出面团，轻拍，排出气体，从下往上折1/3，按紧，整形成橄榄形，继续发酵30分钟。

5 表面撒干粉，划花刀。

6 烤箱180℃预热，最下层放一碗开水，烤制20分钟。取出放凉后切成8块，分别用保鲜膜包好，冷冻保存，每次取2块使用。

TIPS

1 按压面团不回弹，就是发酵好了。

2 烤时放置热水，是模拟商业烤箱的蒸汽功能，可以防止面包表面过早结皮，有效地让面包充分膨胀，表面淀粉糊化、焦化，这样烤面来的面包表皮有光泽。

肉丸

肉丸用猪里脊肉和鸡胸肉，都是低脂、高蛋白食材，猪肉中的血红蛋白刚好可以弥补鸡肉中的缺失，做到营养互补，口感也会更好。

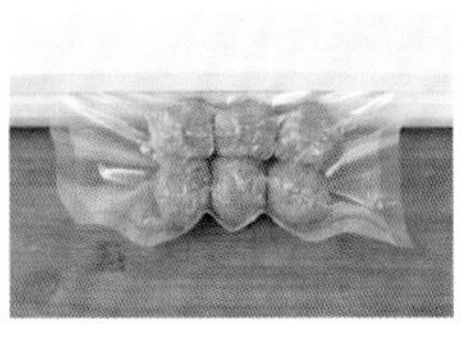

60分钟　170千卡/份

用料（4份）

瘦猪肉馅…100克　　鸡胸肉馅…200克

鸡蛋…1个　　高汤…10毫升

洋葱…100克　　盐…1/2小勺

吐司…1片　　白砂糖…1/2小勺

（面包屑…23克）　　黑胡椒粉…1/4小勺

山茶油…10毫升

做法

1 吐司切小块，放入烤箱，150℃烤制30分钟，取出后用料理机打成面包屑。

2 洋葱用料理机打成小丁。锅中放入山茶油，加入洋葱炒至微微焦黄。

3 瘦猪肉馅和鸡胸肉馅加入面包屑、盐、白砂糖、黑胡椒粉、高汤和洋葱丁，搅拌均匀，加入鸡蛋拌匀后放入冰箱冷藏30分钟。

4 取出肉馅，搓成每个20克大小的肉丸，放入烤箱，200℃烤制15分钟。烤好的肉丸分成3份，用保鲜袋分别装好，冷冻保存。

TIPS

1 面包屑可以用吐司自己烤制。

2 冰箱冷藏是为了更好地入味和定形。

熟豆

大豆中富含植物蛋白，且属优质蛋白。每天应吃25克左右的豆类食物。

35分钟　90千卡/份

用料（4份）

大豆…100克

做法

1 大豆加5倍水，浸泡4～6小时。

2 用电饭锅煮熟，放凉后分成4份，冷冻。

紫薯山药茯苓糕

薯类中维生素、钾的含量都要高于精白米面，还含有粮食中没有的维生素C。还能增强饱腹感。

35分钟　250千卡/份　2个/份

用料（6个）

紫薯…300克　脱脂奶粉…30克
山药…300克　脱脂牛奶…60毫升
茯苓粉…30克

做法

1 紫薯和山药去皮，蒸20分钟。各加入一半的茯苓粉、脱脂牛奶和脱脂奶粉，压成泥。
2 将紫薯泥和山药泥分别装入裱花袋中。模具中刷薄油，先挤一层山药泥，再挤一层紫薯泥，将模具填满。
3 入蒸锅蒸15分钟，取出放凉后装入保鲜盒，密封、冷冻保存。

TIPS

1 茯苓有健脾祛湿的作用，没有可不加。
2 山药去皮时戴上手套，可避免皮肤发痒。

红豆沙

红豆赖氨酸含量较高，与谷类食物搭配有很好的蛋白质互补作用。膳食纤维能起到很好的饱腹作用，有利于减脂。

90分钟　1.5千卡/克

用料（600克）

红豆…200克　罗汉果代糖…40克
山茶油…30毫升

做法

1 红豆加两倍水，冷藏、浸泡一晚。浸泡好的红豆中加500毫升水，用电饭锅煮至开花。
2 连水一起倒入搅拌机中，搅打成细腻的红豆糊。加入山茶油和罗汉果代糖一起搅匀。
3 倒入不粘锅中，中小火加热，边加热边搅拌，炒至水分蒸发，质地出沙。
4 将做好的红豆沙放入保鲜袋中，冷冻保存。

TIPS

1 如白天浸泡，需4小时换一次水。
2 炒豆沙时要不停搅拌，防止粘锅。

鸡肉香肠

自己做的鸡肉香肠低脂、低盐，吃起来更健康、安心。鸡胸肉中丰富的磷脂更适合生长发育期的儿童。

30分钟　99千卡/份　2根/份

用料（6根）

鸡胸肉…200克　料酒…10毫升
胡萝卜…20克　蚝油…3毫升
香菇…20克　高汤…5毫升
蛋清…1个　玉米油…3毫升
盐…2克　玉米淀粉…8克
生抽…3毫升　木薯淀粉…8克
白胡椒粉…1/8小勺

做法

1 胡萝卜、香菇切小块，鸡胸肉去掉白色筋膜，切小块。将胡萝卜、香菇、鸡胸肉放到料理机中打成泥。

2 加入玉米淀粉和木薯淀粉拌匀，加入其他所有材料，朝一个方向搅打上劲。

3 将打好的肉泥放入冰箱腌制半小时以上，取出后放入裱花袋里。

4 在模具上喷油，挤入肉泥，用刮刀按平。

5 水开后入蒸锅，蒸15分钟。取出放凉后用锡纸包好，冷冻保存。

TIPS

1 直接用筷子朝一个方向搅打也可以。

2 成品可放入真空袋，抽真空后冷冻保存。

南瓜全麦面团

面团整形好，冷冻保存，制作前一晚拿到冷藏室再次发酵，早上室温下醒发20分钟即可。

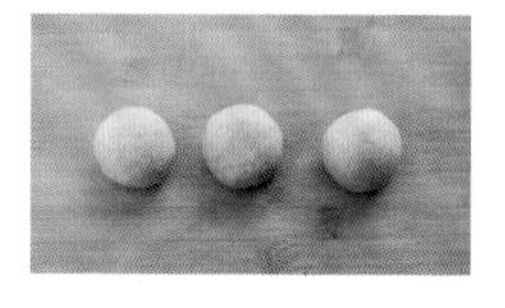

60分钟　　246千卡/份

用料（4份）

高筋面粉…200克
全麦面粉…50克
盐…3克
罗汉果代糖…5克
牛奶…120毫升
南瓜…70克
酵母粉…3克
山茶油…5毫升
红豆沙馅…45克
低脂芥末酱…20毫升
鸡肉肠…2个

做法

1 南瓜切小块，入蒸锅蒸15分钟，打成泥。

2 大碗中放入牛奶、罗汉果代糖、酵母粉、南瓜泥，搅动至酵母粉化开。加入高筋面粉、全麦面粉、盐和成面团，醒10分钟。

3 加入山茶油，揉成光滑的面团，放在温暖处发酵至两倍大。

4 取出面团轻轻排气，分成4份，其中一份（制作P139南瓜全麦法式煎饼）装入保鲜袋中冷冻保存。

5 另取一份（制作P145香葱芝士包），分成3份，整形成圆形。放到圆形模具里，冷冻保存。

6 再取其中一份（制作P121南瓜豆沙包），分成3份，包上红豆沙馅。整形成圆形，放到圆形模具里，放到保鲜盒中冷冻保存。

7 最后一份（制作P127南瓜香肠卷）分成2份，擀成椭圆形圆饼，挤上低脂芥末酱，放鸡肉肠。

8 把香肠包起来，收口朝下，用割刀斜割出纹，露出鸡肉肠。放到纸盒中冷冻保存。

TIPS

1 根据南瓜含水量不同，调整牛奶用量。

2 使用前需提前一晚拿到冷藏室进行二次发酵，第二天早上室温下再次发酵20分钟。如冬天室温低于20℃，可放在烤箱里，下面放两碗开水，醒发15分钟再烤制。

杂粮饭

一次做好一周的量，分装好，吃之前解冻、加热，轻轻松松就能吃到香喷喷的杂粮饭了。

30分钟　　216千卡/份

用料（4份）

燕麦米、荞麦米、红米、三色藜麦米…各45克
胚芽米…60克

做法

1 把所有米放到大碗中，加入两倍的水，放入冰箱冷藏、浸泡一晚。

2 用电饭锅煮熟，放凉后按每份150克称重，用保鲜膜包好，放入冰箱中冷冻保存。

TIPS

1 杂粮米种类可以替换成糙米、黑米和各种豆类，比如：红豆、绿豆、黑豆等。

2 做好的米饭需冷冻保存，吃之前提前解冻，用微波炉或蒸锅热一下即可。

酱牛肉

事先做好的酱牛肉，变着花样加到每餐中，营养丰富又解馋。

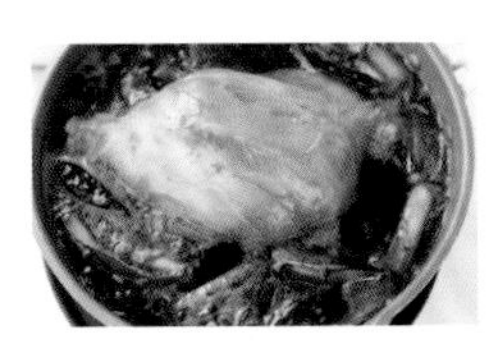

90分钟　　185千卡/75克/份

用料（5份）

牛腱子肉…600克	姜…30克
生抽…100毫升	八角…2克
料酒…5毫升	草果…3克
玉米油…20毫升	香叶…1克
豆瓣酱…50克	花椒…10克
盐…15克	桂皮…3克
冰糖…15克	干辣椒…3克
大葱…60克	茴香…2克

做法

1 大葱切段、姜切片。牛腱子肉洗净，用清水浸泡半个小时。

2 锅中加入冷水，放入牛肉，大火煮开，撇掉浮沫，再煮5分钟后关火，捞出。

3 锅中加入玉米油，放入姜片煎香后放入葱段，炒出香味后关火。

4 加入豆瓣酱，小火慢慢炒香，加入生抽、料酒、盐、冰糖。

5 倒入2000毫升水煮开，再加入桂皮、八角、花椒、草果、香叶、干辣椒和茴香。

6 在做好的酱汤里放入牛肉，小火慢煮90分钟，煮好后盖盖闷30分钟。

7 取出后按每份75克分装，冷冻保存。

TIPS

1 八角、花椒、桂皮必选，其他香料可选加。

2 如用电高压锅时间可调整为1小时，机械电压锅为40分钟。

3 可以放冰箱冷藏一晚，味道更佳。

三米饭

燕麦米和荞麦米都富含膳食纤维，和大米一起煮可以增强饱腹感、缓升血糖、预防肥胖。

90分钟　　1.5千卡/克

用料（600克）

燕麦米…80克	大米…80克
荞麦米…80克	

做法

1 荞麦米、燕麦米加冷水浸泡1小时，和大米一起放入电饭锅中，加1.2倍的水焖煮。

2 煮好的三米饭放凉后分装成4份，放入保鲜袋中冷冻保存。

TIPS

三米饭要充分放凉，避免冷冻时有水汽，会结冰。

鱼丸

自制鱼丸高蛋白、低脂肪，味道鲜美、清爽不腻。可炒、可煎、可烤、可做汤。

90分钟　82千卡/份

用料（6份）

巴沙鱼…440克	白胡椒粉…1克
墨鱼仔…80克	鸡粉…3克
大葱…30克	山茶油…10毫升
姜…80克	蛋清…35克
黄酒…10毫升	白砂糖…1克
盐…3克	水淀粉…10毫升

做法

1 巴沙鱼解冻后用厨房用纸擦干，用刀背刮下鱼蓉。

2 大葱、姜切细丝，加入黄酒和100毫升水，做成葱姜水。

3 墨鱼仔去头、筋膜、外皮，加入两勺葱姜水，用料理机打成墨鱼泥。

4 大碗中放入鱼蓉和墨鱼泥，加入蛋清搅拌均匀。分次加入40毫升葱姜水，边加水边朝一个方向搅拌。加入盐、鸡粉、白胡椒粉和白砂糖继续搅拌。

5 鱼蓉上劲后加入山茶油和水淀粉搅拌均匀，放入冰箱中冷藏10分钟。

6 锅中加水，烧至30℃左右时关火，将鱼丸下入锅中。中火加热，煮至熟透后捞出，过凉水。沥干，分成5份，冷冻保存。

TIPS

1 鱼蓉可以用料理机制作，口感略有区别。

2 做好的鱼丸过凉水可以让口感更有弹性，直接吃也可以省略这步。

3 墨鱼仔起增加弹性的作用，可用鱿鱼代替，但一定要处理干净，避免影响成品色泽。

猪肉馅

这是一款万能的肉类半成品，可以做成肉丸汤、烤肉丸、肉饼，加上蔬菜还可以做成各种馅类美食。

90分钟　155千卡/份

用料（4份）

猪里脊肉馅…400克	姜…20克
生抽、蚝油、黄酒…各20毫升	盐…3克
洋葱…80克	白胡椒粉…1克
大葱…40克	香油…5毫升

做法

1 大葱切斜丝，姜切细丝，加清水和黄酒泡半小时，做成葱姜水。洋葱用料理机打成碎末。

2 肉馅中加入盐、生抽、蚝油和白胡椒粉，用手拌匀，腌制半小时。

3 分次倒入80毫升葱姜水，每加入一次都要搅拌至肉馅完全吸收后再加。感觉肉馅有弹性后加入洋葱末，再倒入香油充分拌匀。

4 分成4份，装入保鲜袋中冷冻保存。

TIPS

猪肉馅装入保鲜袋后尽量摊薄一些，可以减少解冻的时间。

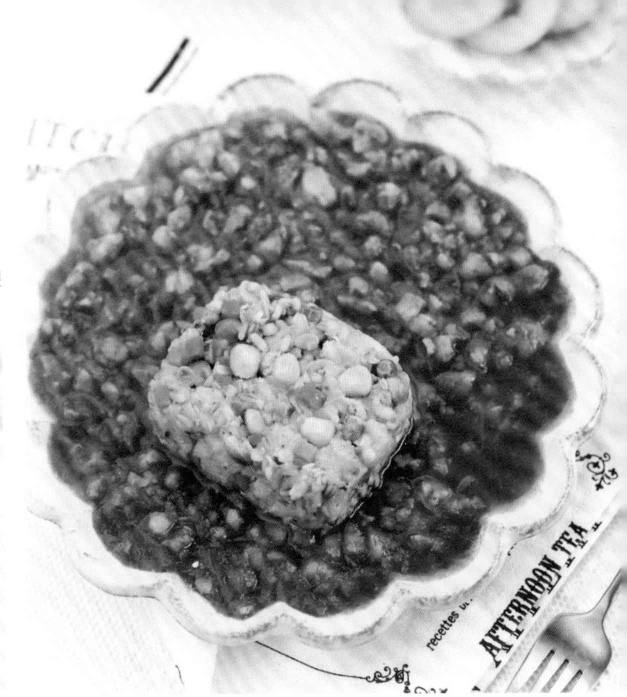

早餐 彩蔬三米饭、番茄鱼柳汤

早起做个热汤，再搭配含有丰富蔬菜的杂粮米饭，营养均衡、能量满满，开启新一周。

30分钟

484千卡

彩蔬三米饭	250千卡
番茄鱼柳汤	126千卡
猕猴桃	45千卡
开心果	63千卡

*彩蔬三米饭是早、午两餐的量，一餐为250千卡。

营养说

每天深色蔬菜的摄入量要占到总蔬菜量的一半，一个大点儿的番茄就搞定了。

用料

彩蔬三米饭（早午2份）

豌豆粒、玉米粒、胡萝卜粒…各40克

燕麦米、荞麦米、大米…各40克

番茄鱼柳汤

番茄…200克

巴沙鱼柳…100克

山茶油…10毫升

番茄酱…2大勺

盐…1/2小勺

姜粉…1/4小勺

猕猴桃…1个（约75克）

开心果…10粒

做法

1 燕麦米和荞麦米提前冷藏、浸泡一晚，早上加入大米和蔬菜粒，煮成米饭。

2 番茄去蒂、切小块，巴沙鱼柳切小块。锅中倒油，将番茄翻炒出汁，加水熬成酱汁。

3 加入鱼柳，放番茄酱、盐和姜粉拌匀。

4 彩蔬三米饭塑形，与番茄鱼柳汤一起盛盘。搭配猕猴桃和开心果。

TIPS

冷冻蔬菜粒和巴沙鱼柳可提前一晚放入冷藏室解冻。

向日葵便当、鸡肉香菇油菜

新的一周开始啦，给自己做份向日葵便当，补充营养的同时，工作起来也会充满阳光和力量。

30分钟

555千卡

向日葵便当	320千卡
鸡肉香菇油菜	163千卡
橙子	72千卡

营养说

香菇中含有的香菇多糖、麦角固醇等植物化学物质有提高机体免疫力的作用，丰富的膳食纤维可以增强饱腹感，有助于控制食量。

用料

向日葵便当

彩蔬三米饭…200克

鸡蛋…1个

香菇（熟）…1朵

鸡肉香菇油菜

香菇…100克

油菜…150克

腌制鸡腿肉（见P17）…100克

小葱…20克

蒜…2瓣

高汤…1大勺

蚝油…1大勺

山茶油…10毫升

橙子…1个（约150克）

玫瑰花茶…1杯

做法

1 蒜切片、小葱切段、香菇切十字花刀。

2 锅中放油，炒香蒜片和葱段后翻炒腌制鸡腿肉。

3 放入香菇翻炒。

4 倒入100毫升水炖煮。

5 倒入高汤和蚝油煮沸。

6 放入油菜炒熟，盛出。

7 鸡蛋打散，在锅中摊成蛋饼。

8 剪出向日葵叶子形状，和彩蔬三米饭、香菇做成便当。搭配橙子、玫瑰花茶。

TIPS

冷冻腌制鸡腿肉可提前一晚放在冷藏室解冻。

晚餐 豆腐小火锅

丰盛的晚餐也可以不用那么麻烦，一个小锅就可以搞定，食物多样、营养均衡，一锅即一餐。

营养说

吃对顺序可以防止发胖。研究发现，先吃蔬菜，再吃蛋白质类食物，最后吃主食，可以降低胃的排空速度及食物的消化吸收速度，并能延缓餐后血糖上升速度。如果你能坚持这么吃，再加上一点儿运动，不知不觉就瘦下来了。

30分钟

450千卡

用料

豆腐…80克　　金针菇…50克　　荞麦面…30克

虾…100克　　香菇…50克　　味噌芝麻酱…25克

莜麦菜…150克　　海带结…80克　　高汤…1大勺

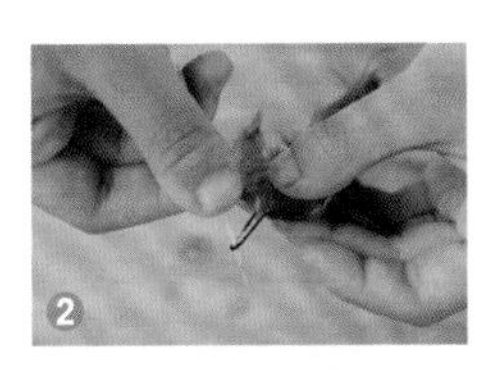

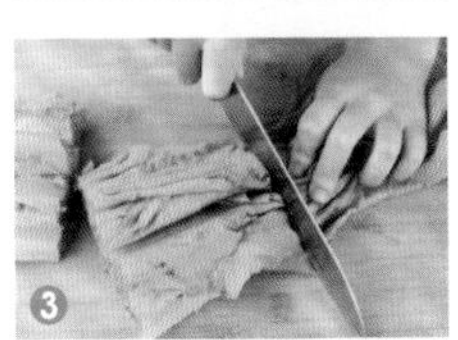

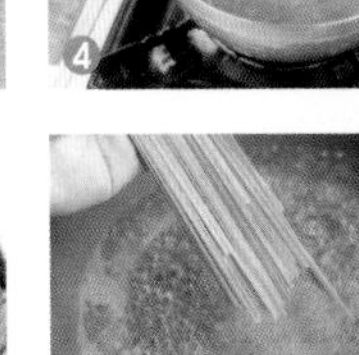

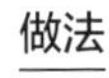

做法

1 豆腐切块。

2 虾去虾线。

3 莜麦菜洗净后切段。

4 锅中加入600毫升水和高汤。

5 水开后依次加入金针菇、香菇、豆腐、海带结、莜麦菜和虾，煮熟后关火。

6 搭配味噌芝麻酱，先吃菜，再吃豆腐和虾。吃到一半时下荞麦面煮熟，继续食用即可。

TIPS

1 味噌芝麻酱的热量较高，要特别注意摄入量。

2 没有味噌芝麻酱，可以用芝麻酱代替，同样要注意摄入量。

坚果奶棒

加餐

营养美味的奶棒自己也能做，天然食材加上手工乐趣，吃起来都是幸福的味道。

30分钟

24千卡/个

营养说

奶制品富含钙，又是优质蛋白，推荐每天摄入。加点儿坚果做成小奶棒，作为补充能量的加餐。

用料（25个）

奶粉…150克

酸奶…80克

蔓越莓…10克

坚果…20克

做法

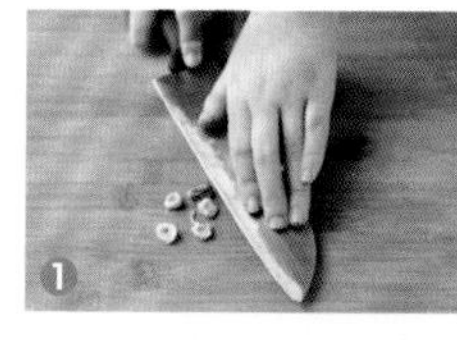

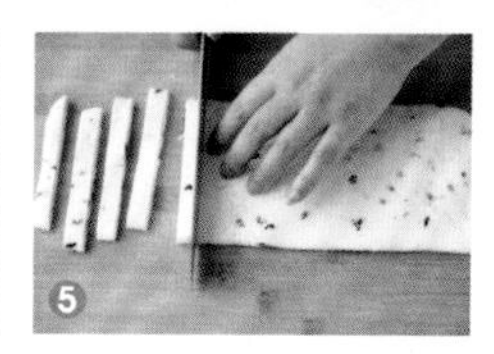

1 蔓越莓和坚果分别切碎。

2 将蔓越莓和坚果碎放入奶粉中，搅拌均匀。

3 倒入酸奶，搅拌至无干粉。

4 将奶粉团放入保鲜袋中，擀成厚约1厘米的长方形，放入冰箱冷冻1小时。

5 取出后切细长条。

6 放入烤箱中，100℃烤制25分钟即可。

TIPS

1 要选择浓稠型酸奶，自制的最好。

2 可以将坚果和蔓越莓替换成其他自己喜欢的品种。

3 材料比较硬，混合时需要耐心，一定不要多加酸奶，容易过稀、不成形。

4 冷冻是为了好切。

5 做好的奶条可以不烤直接吃，烤制是为了去掉残留水分，方便储存。

第2天

全麦葡萄干面包、番茄牛肉金菇汤

早上现烤面包，没有想象的那么难，冷藏、发酵好的面团拿出来直接烤制即可。

30分钟

482千卡

全麦葡萄干面包	276千卡
番茄牛肉金菇汤	153千卡
苹果	53千卡

用料

全麦葡萄干面包

全麦面团（见P17）…1份

葡萄干…20克

番茄牛肉金菇汤

番茄…200克

牛肉卷…50克

金针菇…150克

番茄酱…1小勺

橄榄油、蚝油、高汤…各10毫升

葱花…5克

苹果…1个（约100克）

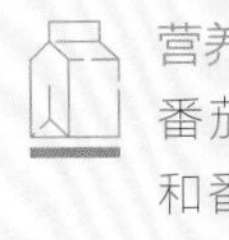

营养说

番茄富含维生素C和番茄红素，有很强的抗氧化能力。

做法

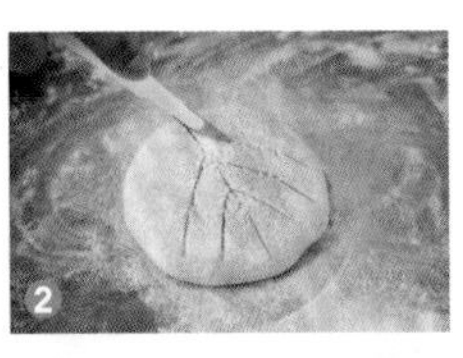

1 取出发酵好的全麦面团，包上葡萄干揉匀。

2 表面筛干粉（材料外），用刀割出花纹，放入烤箱，180℃烤15分钟。

3 锅中倒入橄榄油，将切块的番茄翻炒出汁。加入100毫升水煮沸，再放入金针菇。

4 依次加入番茄酱、蚝油和高汤。煮沸后放入牛肉卷，出锅前撒葱花。搭配苹果。

TIPS

1 苹果可以在上午 10 点左右、两餐之间再吃。

2 早上烤面包无须二次发酵，也不用预热烤箱，将整形好的面团放进去即可。

营养说

洋葱是蔬菜中唯一含有前列腺素A的食物，能够辅助降低外周血管阻力，降低血黏度，对心血管有一定保健作用。

燕麦米饭、洋葱里脊肉、蚝汁杏鲍菇

在日本饮食和地中海饮食中经常会用洋葱作为基底食材，比如寿喜烧和西班牙海鲜烩饭。洋葱煮熟后特殊的软甜口感可以丰富菜品的层次，也可以代替一部分糖使用。

30分钟

536千卡

燕麦米饭	216千卡
洋葱里脊肉	215千卡
蚝汁杏鲍菇	61千卡
油桃	44千卡

用料

燕麦米饭

燕麦米…30克

大米…30克

洋葱里脊肉

洋葱…150克

腌制里脊肉（见P18）…100克

蒜…2瓣

山茶油…10毫升

清酒…15毫升

生抽…15毫升

蚝汁杏鲍菇

杏鲍菇…100克

甜椒…100克

山茶油…10毫升

蒜…2瓣

蚝油…15毫升

油桃…1个（约100克）

做法

1 燕麦米提前冷藏、浸泡一晚，和大米一起煮成燕麦米饭。

2 洋葱切块，蒜切片，锅中倒入山茶油，放蒜炒香。

3 加入洋葱翻炒。

4 依次加入清酒和生抽翻炒。

5 洋葱炒软后放入腌制里脊肉炒熟。

6 杏鲍菇切滚刀块，甜椒切小块。

7 锅中倒入山茶油，放蒜炒香后放入杏鲍菇。

8 加入蚝油，中火炒至杏鲍菇熟透、干软。

9 再加入甜椒，翻拌均匀。搭配油桃上桌。

TIPS

1 没有清酒，可用料酒代替。

2 甜椒富含维生素C，不宜高温烹饪，一般在出锅前放，翻炒几下即可。

咖喱鸡肉意面

结束了一天的工作，晚餐想吃得美味、低脂又健康并不难，快来试试这道咖喱鸡肉意面吧。

45分钟

375千卡/份

用料（2人份）

去皮鸡腿肉…200克
胡萝卜、洋葱、芹菜…各100克
意大利面…100克
料酒…20毫升
茶籽油…15毫升
蒜…3瓣
蚝油…1大勺
花生酱（无糖）…1大勺
咖喱粉…1大勺
八角、陈皮、桂皮…各1块

营养说

咖喱鸡肉经常被看作是高热量的食物，这是因为里面通常会加土豆，而且市售的咖喱块中含有较多油脂，甚至还含有反式脂肪酸。自己调制的咖喱取材天然，再加入多种蔬菜平衡营养，减脂期间也可以大胆吃。

做法

1 鸡腿肉切小块，用10毫升料酒腌制15分钟。

2 胡萝卜切滚刀块，洋葱切块，芹菜切段，蒜切末备用。

3 鸡腿肉凉水入锅，加入八角、陈皮、桂皮、料酒煮沸，去油、去腥。

4 锅中放油，放入蒜炒香后加入洋葱翻炒。

5 继续加入胡萝卜、芹菜和鸡腿肉翻炒2分钟，倒入温水略没过鸡腿肉。

6 加入蚝油、花生酱和咖喱粉炖煮20分钟。

7 另起锅，水开后放入意大利面煮8～10分钟，捞出控干水分。

8 盘中先盛入咖喱鸡肉，上面放意大利面。

TIPS

1 鸡腿可在购买时让店家去皮、去骨，用鸡胸肉也可以。

2 水煮鸡腿肉可去腥，并去掉部分油脂，减少脂肪摄入。

3 意大利面煮好后不要过凉水，以免冲淡酱汁味道，沥干水分即可。

加餐

红薯全麦饼干

一款健康小饼干，浓浓的麦香加上红薯淡淡的香甜，作为零食和下午茶都不错。

45分钟

15千卡/块

营养说

富含膳食纤维的红薯可以延缓碳水化合物的吸收速度，也会阻止部分油脂的吸收。用茶籽油代替黄油，全麦面粉代替低筋面粉，没有添加糖，更有利于健康。

用料（共108块）

红薯…100克
鸡蛋…1个
牛奶…20毫升
茶籽油…80毫升
全麦面粉…240克
泡打粉…1小勺
小苏打…1/4小勺
芝麻…适量

做法

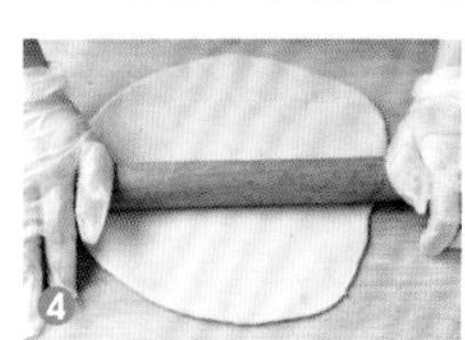

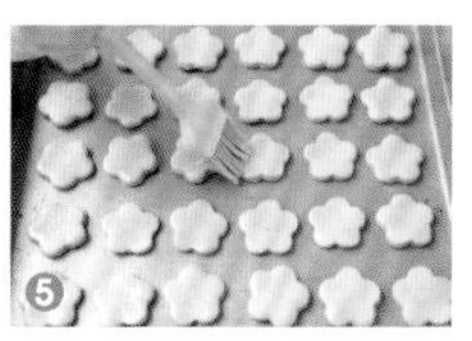

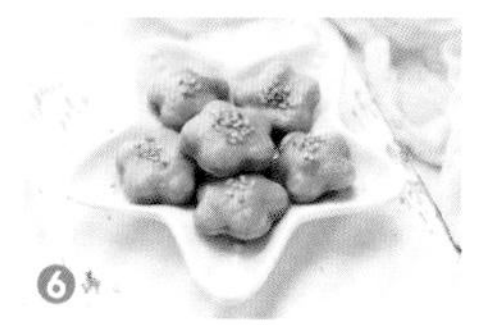

1 红薯去皮、切小块，蒸20分钟后压成泥。

2 鸡蛋打散，留出1/3涂抹在饼干表面，剩余的蛋液加入红薯泥中。

3 加入牛奶和茶籽油搅拌均匀，加入全麦面粉、泡打粉和小苏打。

4 用手和成面团后擀成厚约5毫米的圆饼。

5 用花朵形模具压制成形，摆入烤盘中，涂上蛋液，中间撒上芝麻。

6 烤箱160℃预热，烤制35分钟，烤至酥脆。

TIPS

1 如果面团过黏，可适当增加面粉用量；反之可适当增加牛奶用量。

2 混合面团时不要过度揉搓，避免面团出筋，影响口感。

3 烤制时间根据擀的薄厚程度调整，烤时要注意观察表面，避免上色过重。

五彩玉米羹

高纤维、低热量、营养丰富，味道清甜，早晨喝上一碗，一天都会能量满满。

30分钟

305千卡

用料

鸡蛋…1个
玉米粒…100克
胡萝卜…100克
南瓜…100克
豌豆粒…100克
盐…1/2小勺
白胡椒粉…1/4小勺

做法

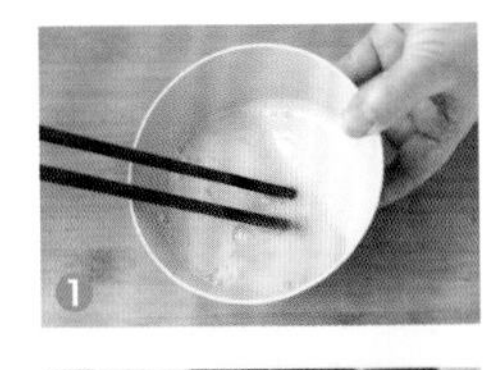

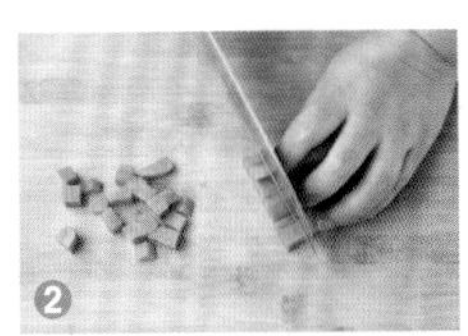

1 鸡蛋打散，备用。

2 胡萝卜、南瓜分别切小丁。

3 锅中倒水烧开，依次放入玉米粒、豌豆粒、胡萝卜和南瓜。

4 大火烧开后中火煮15分钟，淋入蛋液。加盐和白胡椒粉调味。

营养说

玉米中的粗纤维比精米面高4~10倍，富含的谷胱甘肽和硒可延缓衰老。胡萝卜和南瓜中的类胡萝卜素可以在体内转化为维生素A，可预防眼部疲劳、增强呼吸道黏膜抗病能力。

TIPS

1 用鲜玉米粒、冷冻玉米粒或罐装玉米均可，罐装的热量略高。

2 煮制过程略有浮沫，轻轻撇去即可。

板栗焖鸡便当

早上出门前花点儿时间，剩下的交给焖烧杯，到了中午就能吃到热气腾腾的板栗焖鸡啦！用山药、板栗和玉米这类复合碳水代替精白米面，增加摄入营养种类和饱腹感的同时又降低了食量。

20分钟

438千卡

板栗焖鸡便当	390千卡
橙子	48千卡

营养说

板栗碳水化合物含量较高，蛋白质的含量是米饭的2倍，用它代替主食是很不错的选择。如果当成零食，最好是在两餐之间，且要控制好食用量。

用料

腌制鸡腿肉（见P17）…100克
山药…100克
香菇…30克
板栗肉…60克
玉米粒…50克
豌豆粒…50克
玉米油…10毫升
盐…1/2小勺
生抽…15毫升
橙子…1个（约100克）

做法

1 山药去皮、切块。
2 香菇去蒂、切片。
3 锅中倒入玉米油，加入腌制鸡腿肉翻炒。
4 放入香菇、山药、玉米粒、豌豆粒、板栗肉翻炒。
5 加入100毫升水，煮至沸腾。
6 加入盐和生抽。
7 焖烧杯加入开水预热1分钟。
8 预热后把水倒掉，迅速将锅中的食材倒入焖烧杯中，盖好盖子即可。搭配橙子上桌。

TIPS

1 焖烧杯为确保效果，在使用前需用开水预热一两分钟，不要省略。
2 鸡腿肉炒至断生，其他食材半熟即可。

晚餐 海鲜烩饭、蜜桃气泡水

谁说减肥就一定要吃得清汤寡水，丰盛的海鲜烩饭一样可以让你美美地变瘦，不仅颜值高，内容也极丰富。

40分钟

533千卡

海鲜烩饭	512千卡
蜜桃气泡水	21千卡

营养说

豆角类蔬菜通常含淀粉量较高，而荷兰豆却是个例外，丰富的膳食纤维让整体热量降低了很多，特别适合减脂期食用。

用料

海鲜烩饭	蛤蜊…100克	橄榄油…10毫升	番茄酱…1大勺
洋葱…100克	鱿鱼圈…50克	蒜…2瓣	黑胡椒碎…3克
番茄…200克	扇贝…50克	高汤…100毫升	蜜桃气泡水
大米…50克	甜椒…100克	盐…1/2小勺	桃子…50克
虾…100克	荷兰豆…100克	柠檬汁…10毫升	无糖气泡水…300毫升

做法

1 番茄切小块，蒜切末，洋葱、甜椒切丝。

2 锅中倒入橄榄油，放入蒜末炒香。

3 加入洋葱炒软后放入大米炒匀。

4 倒入高汤，将番茄翻炒出汁后加番茄酱。

5 放扇贝、鱿鱼圈、蛤蜊、去虾线的虾。

6 放入荷兰豆炒软后挤入柠檬汁，加盐和黑胡椒碎调味。

7 最后加入甜椒丝，翻炒均匀。

8 桃子去皮、切成片，放入杯中，倒入无糖气泡水。

TIPS

1 蛤蜊可提前泡水、去沙。

2 虾在后背第三节处用牙签挑去虾线。

鸡肉脯

运动前后可适当吃点儿高蛋白类食物，有助于增肌。

35分钟

12千卡/块

营养说

高蛋白、低脂肪的鸡胸肉可作为减脂时常用的食材。

用料（42块）

鸡胸肉…2块（约300克）
生抽…15毫升
蚝油…10毫升
料酒…5毫升
白糖…3克
盐…1/4小勺
白胡椒粉…1/4小勺
茶籽油…1大勺
蜂蜜水…30毫升
白芝麻…20克

做法

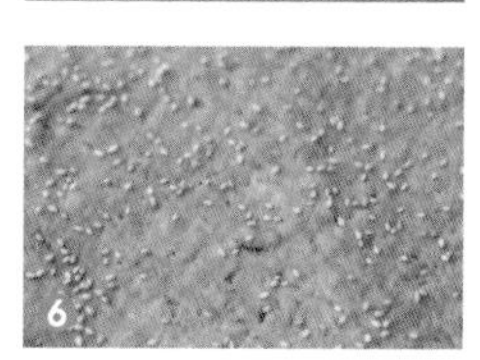

1 鸡胸肉切小块，加入除蜂蜜水和白芝麻外的所有调料，放入料理机中。

2 打成肉泥后冷藏2小时以上，腌制入味。

3 烤盘中放烘焙纸，将鸡肉泥倒在中间。

4 再盖一层烘焙纸，用擀面杖擀平、擀薄。

5 烤箱180℃预热，放入鸡肉泥烤5分钟后取出，表面刷蜂蜜水，撒白芝麻，继续烤5分钟。取出后翻面，刷蜂蜜水，撒白芝麻，再烤10分钟。

6 取出后放至温热，切成适当大小。

TIPS

1 鸡肉泥尽量擀均匀且不可过薄，否则烤制过程中会缩水，导致局部出现孔洞。

2 如需加深成品颜色，可加老抽或红曲粉。

3 烤制时间根据擀的薄厚程度调整，烤时注意观察表面，避免上色过重。

全麦核桃面包、蒜香烤鲜虾时蔬、拿铁咖啡

早餐

一种厨具，一次做出一餐，大大提高烹饪效率，尤其适合在时间紧张的早餐时使用。

30分钟

538千卡

全麦核桃面包	293千卡
蒜香烤鲜虾时蔬	169千卡
拿铁咖啡	76千卡

用料

全麦核桃面包

全麦面团（见P17）…1份

核桃…8克

蒜香烤鲜虾时蔬

虾…100克

甜椒…100克

金针菇…150克

豆芽…100克

料酒…10克

盐…1/2小勺

黑胡椒粉…1/4小勺

蒜酱…1大勺

蒸鱼豉油…15毫升

拿铁咖啡

奶粉…2大勺

咖啡粉…1小勺

热水…150毫升

营养说

早餐一定要有蛋白类的食物摄入，可以有效控制食欲。

做法

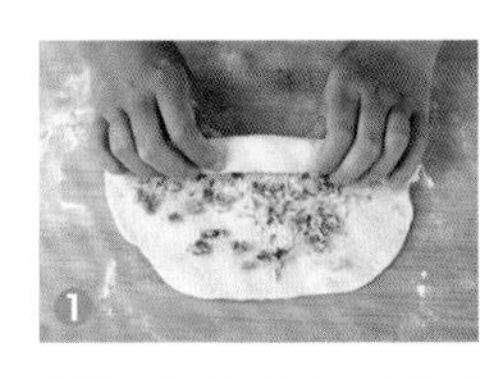

1 将全麦面团擀成圆饼，铺上切碎的核桃，卷起。

2 捏紧收口处，按成圆饼，盖保鲜膜醒发。

3 虾去壳，加料酒、盐和黑胡椒粉腌制。

4 在烤碗中铺上锡纸，依次放入金针菇、豆芽、切块的甜椒和虾。淋蒜酱和蒸鱼豉油，用锡纸密封好。

5 烤盘一边放全麦面团，筛少许干粉（材料外），另一边放烤碗，烤箱170℃烤制20分钟。

6 将奶粉和咖啡粉放入杯中，倒入热水。

TIPS

1 核桃要用炒熟的，生核桃可先用烤箱 170℃烤 5 分钟。

2 虾可提前一晚处理，冷藏腌制。

红豆饭、煎牛肉、胡萝卜炒荷兰豆

不想吃外卖的高油、高盐、高糖食物，那就亲手为自己做一份便当吧，尽量减少外出就餐，养成健康的生活习惯，才是能够长久保持理想体重的根本办法。

30分钟

456千卡

红豆饭	235千卡
煎牛肉	123千卡
胡萝卜炒荷兰豆	62千卡
猕猴桃	36千卡

营养说

大米缺乏红豆中含有的赖氨酸，做成红豆米饭，营养刚好互补，从而提高蛋白质的利用率。

用料

红豆饭

红豆…30克

大米…40克

煎牛肉

橄榄油…10毫升

腌制牛肉片（见P18）…100克

豌豆粒…15克

盐…1/4小勺

黑胡椒碎…1/4小勺

胡萝卜炒荷兰豆

胡萝卜…100克

荷兰豆…100克

蒜…2瓣

玉米油…10毫升

蚝油…10毫升

高汤…10毫升

猕猴桃…1个（约70克）

做法

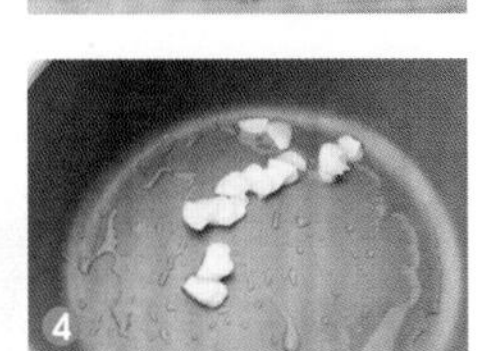

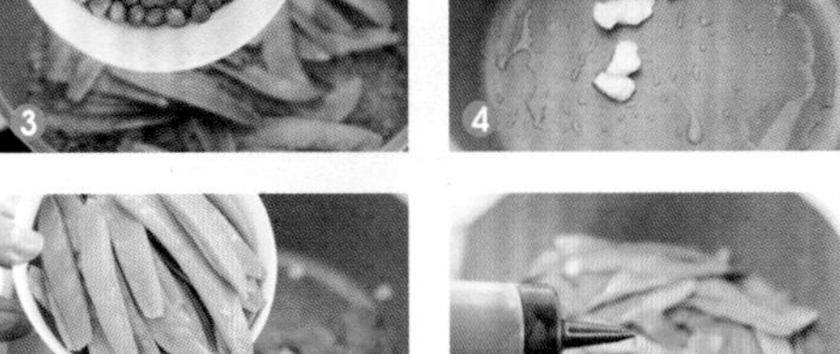

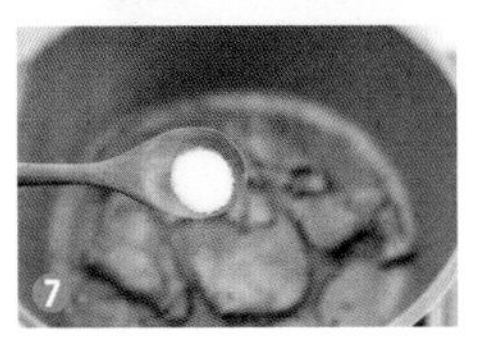

1 红豆提前浸泡一晚，和大米一起煮成红豆饭。

2 胡萝卜和蒜分别切片。

3 锅中烧开水，放入荷兰豆和豌豆粒焯至断生。

4 锅中倒油，放入蒜片炒香。

5 放入胡萝卜片翻炒软后加入荷兰豆翻炒。

6 加入高汤和蚝油调味。

7 另起锅倒入橄榄油，放入腌制牛肉片煎熟，加盐和黑胡椒碎调味。

8 加入豌豆粒翻拌均匀。搭配猕猴桃上桌。

TIPS

1 腌制牛肉片需提前放入冰箱冷藏室解冻。

2 荷兰豆必须煮熟后食用，否则可能中毒。

晚餐

黑椒杏鲍菇宽面、蛤蜊豆腐汤

咦？这个面条怎么看起来不太一样呢？原来是杏鲍菇冒充的呀！虽然不是真的面，但口感上已有七八分像了。想来点儿不一样的惊喜，快来试试这份黑椒杏鲍菇宽面吧！

30分钟

390千卡

黑椒杏鲍菇宽面	118千卡
蛤蜊豆腐汤	272千卡

营养说

今天的晚餐中没有主食，减脂期间不建议完全不吃主食，会影响整体代谢，出现失眠、掉发、月经不调、记忆力减退等一系列问题。一天中有一顿不吃主食，只要一天的主食量达到150克就可以。

用料

黑椒杏鲍菇宽面

杏鲍菇…150克
洋葱…100克
甜椒…100克
葱花…10克
山茶油…10毫升
高汤…10毫升
清酒…10毫升
盐…1/2小勺
黑胡椒碎…1/4小勺

蛤蜊豆腐汤

蛤蜊…200克
豆腐…100克
干裙带菜…10克
木鱼花…3克
葱花…10克

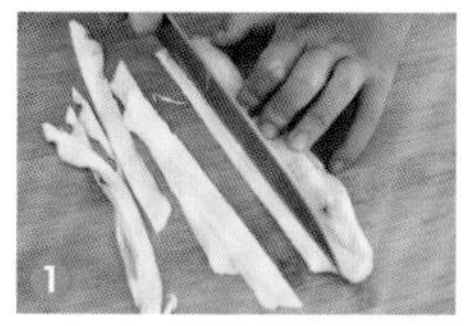

做法

1 杏鲍菇切薄片，洋葱切细丝，甜椒切丝。

2 锅中倒入山茶油，加入杏鲍菇炒软。

3 加洋葱翻炒。倒入高汤、清酒，加盐和黑胡椒碎调味。

4 待杏鲍菇炒至略干时加入甜椒翻炒均匀，最后加入葱花。

5 蛤蜊提前加盐浸泡，吐沙。

6 锅中加水煮沸，放入干裙带菜和木鱼花。

7 煮沸后加入豆腐和蛤蜊，煮至水再次沸腾。

8 最后加入葱花即可。

TIPS

1 杏鲍菇一定要炒干，口感更像炒面。

2 蛤蜊本身有咸鲜味，裙带菜里有盐，木鱼花是提鲜的，整道汤没有放盐，觉得淡可以加少许盐调味。

杏仁核桃酥

由坚果制作的小点心，如果恰好能量消耗过度，赶紧来一颗充充电，立刻满血复活。

30分钟

100千卡/块

营养说

大杏仁是一种扁桃仁，它的营养素主要是类黄酮物质和维生素E，适量食用有益心脏健康。高蛋白、高纤维，饱腹感很强。

用料（15块）

杏仁粉…130克
奶粉…20克
核桃仁…30克
鸡蛋…1个
盐…1克
苏打粉…2克
椰子油…30克
蔓越莓干…15克
大杏仁…15粒

做法

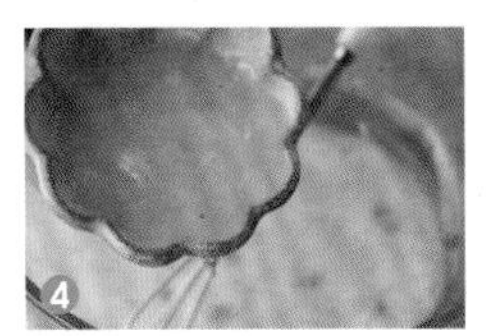

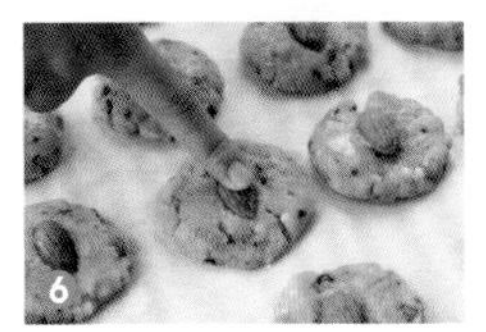

1 核桃仁切碎。

2 蔓越莓干切碎。

3 将杏仁粉、奶粉、核桃仁碎、蔓越莓干碎、盐和苏打粉一起放入碗中搅拌均匀。

4 鸡蛋打散，留出10克左右涂刷表面，其余加椰子油搅拌均匀。

5 倒入粉中，搅拌后和成面团。

6 把面团平均分成15份，按成圆饼，表面均匀刷蛋液后按入大杏仁。烤箱175℃预热，烤制15分钟即可。

TIPS

1 面团中不含面粉，所以不易成形，简单捏合即可。

2 烤制时注意观察表面，避免上色过重。

第5天

香菇鸡肉蔬菜面

早起下碗热腾腾的面吧，加了蛋的面有没有让你想起妈妈的味道？

30分钟

566千卡

香菇鸡肉蔬菜面	424千卡
苹果	79千卡
开心果	63千卡

用料

鸡蛋…1个
油菜…150克
鸡腿肉…100克
香菇…60克
豆干…25克
荞麦面…50克
姜…2片
蒜…1瓣
高汤…15毫升
盐…1/2小勺
开心果…10粒
苹果…1个（约150克）

营养说

早餐及时补充蛋白质，可以防止体内蛋白质流失，避免降低基础代谢。

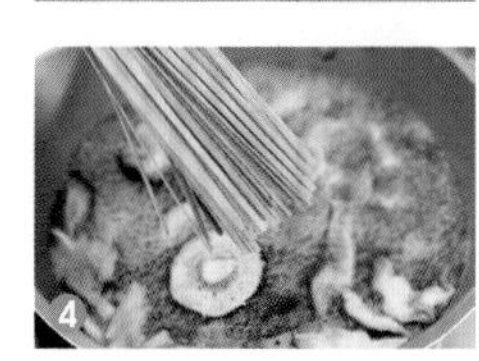

做法

1 鸡蛋冷水下锅，煮熟后去皮、对半切开。

2 油菜对半切开，豆干切片，姜、蒜切丝。

3 锅中放油，加入姜、蒜丝爆香后放鸡腿肉炒熟，加入香菇继续翻炒。

4 锅中加水煮沸后放入荞麦面。加入豆干。

5 待面煮熟后加入油菜煮至断生。

6 最后加入盐和高汤调味，搭配开心果和苹果上桌。

TIPS

香菇和鸡肉可以自然提鲜，可适当减少调味料。

营养说

木耳铁含量丰富，如果不喜欢吃红肉，可以考虑增加木耳的摄入量。木耳中丰富的可溶性膳食纤维也有利于减少脂肪的吸收。

紫薯米饭、照烧牛肉金针菇卷、甜椒豆干木耳

加了紫薯的米饭热量不是很高，但饱腹感却很强，再加上富含蛋白质的牛肉卷和富含维生素和膳食纤维的蔬菜，一份充满能量又营养均衡的便当就做好啦。

40分钟

493千卡

紫薯米饭	236千卡
照烧牛肉金针菇卷	191千卡
甜椒豆干木耳	66千卡

用料

紫薯米饭

紫薯…100克

大米…40克

照烧牛肉金针菇卷

牛肉卷、金针菇、胡萝卜、西葫芦…各50克

玉米油、生抽、蒸鱼豉油、高汤…各10毫升

甜椒豆干木耳

豆干…30克

甜椒…100克

水发木耳…100克

玉米油、高汤、蚝油…各10毫升

做法

1 紫薯去皮、切小块，和大米一起煮成紫薯米饭。

2 西葫芦和胡萝卜切细丝。

3 将西葫芦丝、胡萝卜丝和金针菇放在牛肉卷上，卷成卷。

4 锅中倒入玉米油，加入牛肉蔬菜卷，中火慢煎。

5 加入高汤、生抽和蒸鱼豉油调味。

6 待牛肉卷一面煎至变色后翻面，全部煎熟即可。

7 豆干切片。

8 锅中倒入玉米油，加入水发木耳和豆干翻炒。

9 加蚝油和高汤调味，最后加入切片的甜椒，翻炒均匀。

TIPS

牛肉卷蔬菜时略卷紧一些，避免煎制过程中散开。

晚餐

佛卡恰面包、金枪鱼五彩沙拉

周五的晚餐有了这份五彩沙拉，心情好到飞起来！因为加入了多种蔬菜，总体热量并不高，而且高蛋白、低脂肪，这样好吃、好看的减脂餐，你就放心吃，大胆瘦吧。

40分钟

418千卡

佛卡恰面包	264千卡
金枪鱼五彩沙拉	154千卡

用料

佛卡恰面包

全麦面团（见P17）…1份

圣女果…2颗

葡萄干…10粒

橄榄油…5毫升

迷迭香…2克

金枪鱼五彩沙拉

番茄、黄瓜…各100克

玉米粒、橙子肉…各50克

水浸金枪鱼罐头…50克

焙煎芝麻酱…20毫升

低脂黄芥末酱…10毫升

柠檬水…1杯

营养说

金枪鱼的蛋白质含量很高，是标准的高蛋白、低脂肪食材，它还有个有趣的别名叫“海底鸡”。

做法

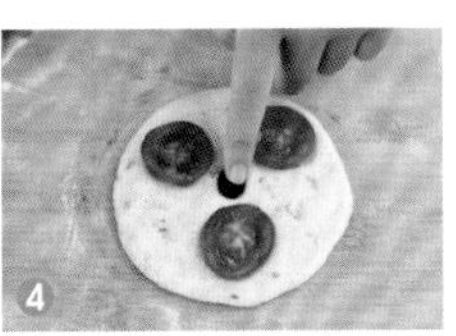

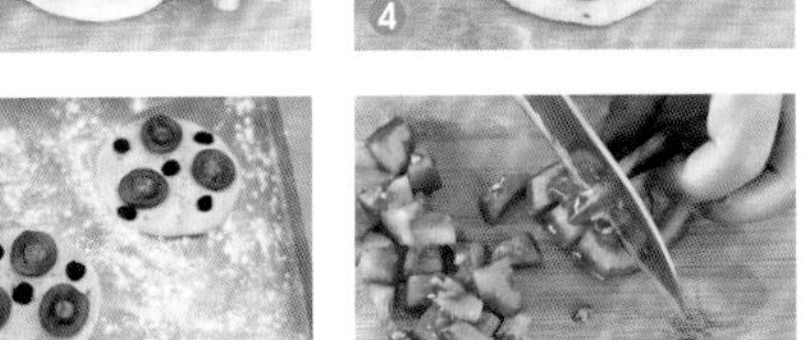

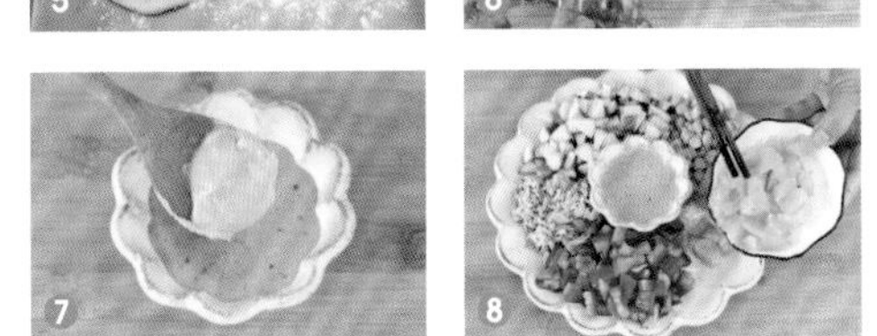

1 葡萄干用水泡软，圣女果切片。

2 迷迭香放入橄榄油中浸泡。

3 将全麦面团分成两份，擀成圆饼。

4 在饼上涂橄榄油，按个小坑，放上切好的圣女果片和葡萄干。

5 烤箱180℃预热，烤制15分钟。

6 将番茄、黄瓜和橙子果肉切小丁。

7 将焙煎芝麻酱和低脂黄芥末酱调匀。

8 盘中依次摆上金枪鱼、黄瓜丁、番茄丁、玉米粒和橙子肉。搭配柠檬水。

TIPS

1 如果用鲜玉米粒，需煮熟；如用玉米罐头，直接制作即可。

2 金枪鱼罐头采用水浸，比油浸热量低一半。

加餐

燕麦巧克力红提饼干

燕麦做的饼干饱腹感特别强，不仅可以作为加餐，当早餐或野餐小食也可以。

30分钟

100千卡/块

营养说

燕麦含有人体必需的8种氨基酸，而且膳食纤维特别丰富，其中可溶性膳食纤维是小麦的4.7倍，可以代替精白米面作为主食。

用料（共12块）

即食燕麦片…100克
脱脂奶粉…20克
脱脂牛奶…20毫升
可可粉…10克
全麦粉…30克
盐…1/4小勺
苏打粉…3/4小勺
椰子油…40毫升
红提干…30克
赤藓糖醇…30克
鸡蛋…1个
香草精…3～5滴
南瓜子仁…30克

TIPS

1 混合面团时不要过度搅拌，看不见干粉即可，避免面团出筋，影响口感。

2 放南瓜仁时略拌一下即可，这样烤好时表面会看到果仁。

3 烤制时间根据擀的薄厚程度调整，烤时要注意观察表面，避免上色过重。

做法

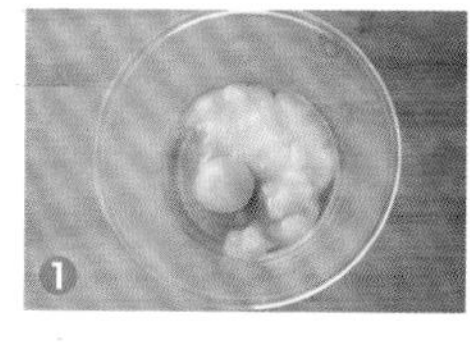

1 鸡蛋打散，加入椰子油、香草精、脱脂牛奶混合均匀。

2 依次加入除南瓜子仁外的所有材料，搅拌均匀。

3 放入南瓜子仁，拌匀。

4 将面团平均分成12等份，按成圆饼，放在铺好烘焙油纸的烤盘上，烤箱175℃预热，烤制20分钟。

第6天

早餐 树叶馒头、虫草花蒸鸡胸、番茄金菇汤

一锅即一餐，包括主食、主菜和汤，方便快捷。

60分钟

530千卡（2人份）

树叶馒头	244千卡
虫草花蒸鸡胸	135千卡
番茄金菇汤	151千卡

用料（2人份）

树叶馒头
菠菜…50克
全麦面粉…135克
酵母粉…2克
苏打粉…1/4小勺

虫草花蒸鸡胸
腌制蒜香鸡胸肉（见P17）…200克
虫草花…50克
葱花…5克
蚝油…15毫升
高汤…15毫升

番茄金菇汤
番茄…300克
金针菇…150克
豆腐丝…80克
生抽…15毫升
高汤…15毫升
盐…3克

营养说

主食用菠菜汁和面，可增色、添营养；主菜是菌类加高蛋白食物，味美、能量足；汤里维生素、膳食纤维和植物蛋白丰富，动物蛋白和植物蛋白还可以互补。

做法

1 菠菜煮后榨汁，将100毫升菠菜汁加入酵母粉化开，再加入苏打粉和全麦面粉和成面团，发酵至两倍大。将面团分成4份，擀成圆饼并切十字，再分成4份，向上折1厘米左右。

2 将4块面饼依次排列，用筷子在中心位置压下印记。依次捏好叶子边缘，最后在叶子尾部捏出叶柄，放入蒸笼中二次醒发。

3 腌制蒜香鸡胸肉中加蚝油、高汤拌匀。加入洗好的虫草花，撒葱花。

4 三层蒸锅最下层铺切块的番茄、豆腐丝和金针菇，放入生抽、高汤、盐和水。蒸锅上层依次放虫草花鸡胸肉和树叶馒头，冷水入锅，水开后蒸制20分钟即可。

TIPS

面团蒸好后闷 5 分钟，避免塌陷。

营养说

烤肉时加入甜椒等蔬菜除了搭配颜色，摄入的维生素C还可以有效减少因高温烤制所形成的有害物质的吸收量。

TIPS

切吐司时刀要快，动作也要快，否则山药泥容易粘刀。

午餐

樱桃三明治、烤牛肉丸、杏鲍菇圣女果串、草莓气泡水

周末啦，无论是和朋友小聚，还是和家人去大自然中野餐，都少不了美食相伴，做份颜值与实力兼具的樱桃三明治，会让你收获一份好心情。

60分钟

560千卡

樱桃三明治	400千卡
烤牛肉丸	119千卡
杏鲍菇圣女果串	32千卡
草莓气泡水	9千卡

用料

樱桃三明治

全麦吐司…2片

山药…200克

无糖酸奶…80克

草莓…2颗

猕猴桃…30克

薄荷叶…2片

烤牛肉丸

腌制牛肉棒（见P18）…100克

红甜椒、青椒、胡萝卜…各15克

杏鲍菇圣女果串

杏鲍菇…20克

圣女果…12颗

橄榄油…5毫升

盐…1/4小勺

黑胡椒碎…1/2小勺

草莓气泡水

草莓…3颗

薄荷叶…1枝

无糖气泡水…300毫升

做法

1 山药去皮、入蒸锅蒸20分钟至软烂。

2 加入无糖酸奶，搅成泥后装入裱花袋中。

3 吐司切掉边，猕猴桃去皮、切片。

4 将吐司片放在保鲜膜上，先挤一层山药泥，抹匀，放一颗草莓和一片猕猴桃。

5 再挤一层山药泥，稍错位摆上草莓和猕猴桃，再挤一层山药泥，盖上吐司片。

6 用保鲜膜包好，做切割标记，冷冻半小时。

7 取出后切开，用薄荷叶装饰。

8 将腌制牛肉棒切成9份，做成丸子，放入铺好烘焙油纸的烤盘里，200℃烤15分钟。

9 青椒、红甜椒切块，胡萝卜刨成薄片，与烤好的牛肉丸一起穿成串。

10 杏鲍菇刨成薄片，卷上圣女果，穿成串。

11 跟牛肉丸串一起放入烤箱，表面喷橄榄油，200℃烤8分钟，取出后撒盐和黑胡椒碎。

12 草莓切片，贴在杯子里侧，倒入无糖气泡水，插入薄荷叶装饰即可。

营养说

冬瓜中膳食纤维含量较高，而且它还含有丙醇二酸，有控制糖类转化为脂肪的作用。

晚餐

三米饭、虾仁烧冬瓜、蚝油生菜

都说减肥时吃不饱，那可能是你没吃对。这款三米饭饱腹感很强，再加上冬瓜和生菜，还有蛋白质含量很高的虾仁，肯定让你吃得饱饱的。

40分钟

458千卡

三米饭	283千卡
虾仁烧冬瓜	127千卡
蚝油生菜	48千卡

用料

三米饭

燕麦米…20克

荞麦米…30克

大米…30克

虾仁烧冬瓜

虾…100克

冬瓜…250克

豌豆粒…20克

山茶油、料酒、蚝油…各10毫升

黑胡椒粉…2克

盐…1/2小勺

蚝油生菜

生菜…300克

山茶油、生抽、蒸鱼豉油…各10毫升

蚝油…5毫升

白糖…5克

蒜…2瓣

做法

1 燕麦米和荞麦米提前冷藏、浸泡一晚，早上和大米一起煮成三米饭。

2 冬瓜切片、焯水。

3 虾去壳、去虾线，加料酒、黑胡椒粉和1/4勺盐腌10分钟。

4 锅中倒油，将虾煎熟。

5 加入冬瓜和豌豆粒翻炒，加蚝油和1/4勺盐调味。

6 生菜放入沸水中焯至断生。

7 碗中加入生抽、蒸鱼豉油、蚝油和白糖，调成酱汁。

8 锅中倒油，加入切末的蒜炒香，再倒入酱汁。

9 将酱汁淋在生菜上即可。

TIPS

焯生菜时，可在水里加油、加盐，保持生菜颜色鲜亮。

加餐

海苔山药片

无须油炸，制作简单的海苔山药片，咬一口，嘎嘣脆，在减脂期想吃薯片时可以试试哦。

45分钟

130千卡/100克

营养说

山药热量很低，海苔富含膳食纤维和钙，它们在一起就组合成低脂、健康的小零食。

用料

山药…100克

土豆淀粉…30克

脱脂牛奶…30毫升

椰子油…10毫升

海苔…1/2张

做法

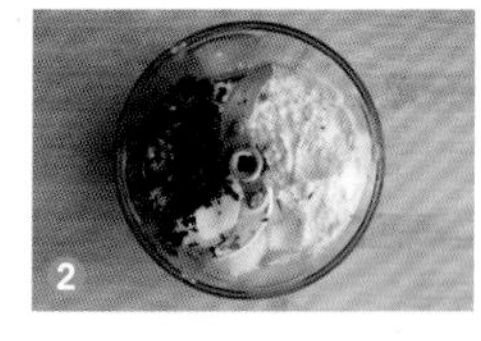

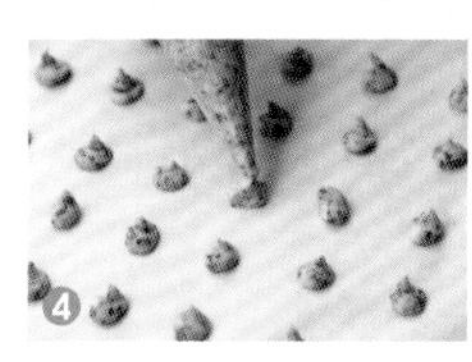

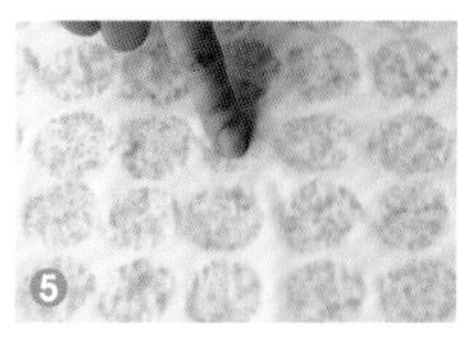

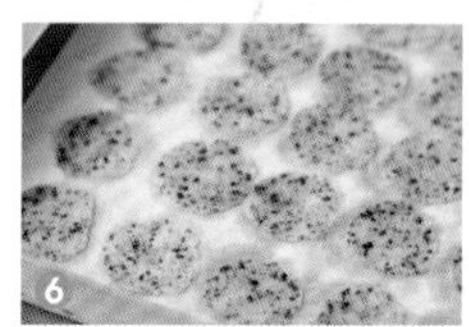

1 山药去皮、切小块，蒸15分钟。

2 将蒸熟的山药块、土豆淀粉、脱脂牛奶、椰子油、切碎的海苔放入料理机中打成糊。

3 将打好的山药糊装入裱花袋中，剪一个1厘米的小口。

4 烤盘上铺好烘焙油纸，挤上山药糊，直径1厘米左右。

5 上面盖一层烘焙油纸，将山药糊按成薄片。

6 烤箱130℃预热，烤制25分钟即可。

TIPS

1 山药片大小随意，用料表的量一共可以烤 4 盘。

2 完全原味，可以吃出来海苔的味道，也可以加少许盐调味。

3 烤制时间根据大小薄厚灵活调整。

4 吃不完需要密封保存。

早餐 芒果燕麦蛋糕、百合银耳梨汤

燕麦是在减脂期推荐的主食之一，除了泡着吃，还可以烤成蛋糕、面包。用水果中天然的糖代替添加糖，也是健康饮食的方式，当然也要控制摄入量。

30分钟

543千卡

芒果燕麦蛋糕	410千卡
百合银耳梨汤	133千卡

用料

芒果燕麦蛋糕

香蕉…1根（约100克）

鸡蛋…1个

低筋面粉…20克

即食燕麦片…20克

奶粉…10克

泡打粉…1/2小勺

核桃仁…8克

芒果…50克

百合银耳梨汤

百合…5克

银耳…15克

梨…100克

枸杞子…10克

营养说

银耳中富含膳食纤维，可帮助胃肠蠕动，减少脂肪的吸收。

做法

1 百合、银耳加水泡发。核桃仁切碎。

2 香蕉去皮后用勺子压成泥。

3 加入鸡蛋、低筋面粉、即食燕麦片、奶粉、泡打粉和核桃碎，拌成面糊。

4 芒果切薄片，卷成花。将面糊倒入模具中，摆上芒果花，烤箱180℃预热，烤制20分钟。

5 梨切小块。锅中加水，放入百合、梨块和银耳，煮至梨变透明、百合软烂。

6 加入枸杞子。

TIPS

加入泡打粉后需要尽快入烤箱，否则时间长了，泡打粉容易失效。

迷你蛋包饭、蘑菇汉堡、黄瓜气泡水

午餐

小巧的迷你蛋包饭和造型可爱的蘑菇汉堡是周末给自己的一份美食奖赏，会为生活增色添彩！

- 60分钟
- 514千卡

迷你蛋包饭	252千卡
蘑菇汉堡	258千卡
黄瓜气泡水	4千卡

用料

迷你蛋包饭

胚芽米饭…150克

鸡蛋…1个

脱脂牛奶…25毫升

蘑菇汉堡

口蘑…100克

豆腐…60克

西葫芦…100克

胡萝卜…60克

腌制牛肉棒（见P18）…100克

白芝麻…5克

盐…3克

低脂黄芥末酱…20克

黄瓜气泡水

黄瓜…30克

薄荷叶…3片

无糖气泡水…300毫升

营养说

口蘑属于高钾、高纤维食材，其中的蘑菇多糖和异蛋白具有一定的抗癌活性，可抑制肿瘤的发生。

做法

1 将胚芽米饭分成6份，捏成饭团。

2 鸡蛋打散，和脱脂牛奶一起拌成蛋奶液。模具上抹一层油，倒入蛋奶液至一半高的位置。

3 放入饭团，待蛋液底部开始凝固，翻面。另一面也凝固后取出，上面插上木签装饰。

4 将腌制牛肉棒分成6份，做成圆饼，入烤箱200℃烤15分钟。

5 豆腐切片，压出圆形。西葫芦、胡萝卜切片。

6 口蘑去根，一半朝下，一半朝上，喷橄榄油，撒盐和白芝麻，放在铺好烘焙油纸的烤盘上，与豆腐和西葫芦一起200℃烤10分钟。

7 将蔬菜和肉饼中间涂低脂黄芥末酱。一层层摆放好，用竹扦固定。

8 黄瓜切片后放入杯中，倒入无糖气泡水，用薄荷叶装饰。

TIPS

1 口蘑尽量选择大一点儿的，因为烤时会缩水，个头大小也尽量一致。

2 低脂黄芥末酱的热量不高，每 100 克只有 60 千卡，可放心食用。

晚餐 全麦夹饼、南瓜百合豆浆

现在超火的塔可是一种墨西哥玉米卷饼，用肉类和豆类作为馅料。自己制作可以把玉米卷饼换成全麦卷饼，加入多种蔬菜和低脂鸡胸肉，让高颜值美食的营养也能更加均衡。

30分钟

545千卡

全麦夹饼	466千卡
南瓜百合豆浆	79千卡

营养说

食物多样化可以确保身体所需多种营养素的摄入，建议每天摄入食物种类达12种，每周达25种。只需把多种不同颜色的食材放在一起制作，味道不违和就可以。

用料

全麦夹饼

全麦面团（见P17）…1份

香菇、胡萝卜、黄瓜…各50克

鸡蛋…1个

腌制蒜香鸡胸肉（见P17）…100克

橄榄油、高汤、蚝油…各10毫升

盐…1/4小勺

黑胡椒碎…1/4小勺

番茄酱…5g

南瓜百合豆浆

南瓜…100克

百合…5克

黄豆…10克

做法

1 黄豆、百合提前浸泡，南瓜去皮、切小块。一起放入破壁机榨成豆浆。

2 香菇切片，胡萝卜、黄瓜切细丝。

3 鸡蛋打散，锅中倒入橄榄油，倒入蛋液，煎熟后盛出。

4 锅中倒入橄榄油，将胡萝卜丝炒软。放入腌制蒜香鸡胸肉翻炒熟。

5 放香菇，加入高汤，放蚝油、盐、黑胡椒碎调味。

6 将全麦面团平均分成3份，擀成薄饼。锅中刷薄油，小火将饼煎熟。

7 在全麦饼中放入黄瓜丝，再放入鸡肉、胡萝卜丝和鸡蛋。

8 挤上番茄酱。

TIPS

烙饼时温度不宜过高，饼皮如果过脆，卷菜时容易断裂。

苹果千层蛋糕

加餐

周末给自己做份点心吧，加入苹果，可以增加纤维素的摄入，如果来了朋友，还是一道不错的茶点呢！

80分钟

56千卡/份

营养说

全麦粉富含纤维素，会延缓血糖上升及碳水化合物吸收的速度，用它代替精制面粉，可以增加饱腹感。

用料（4寸蛋糕模具、8份）

苹果…240克

全麦面粉…40克

牛奶…70毫升

茶籽油…10毫升

鸡蛋…1个

泡打粉…2克

杏仁片…12克

做法

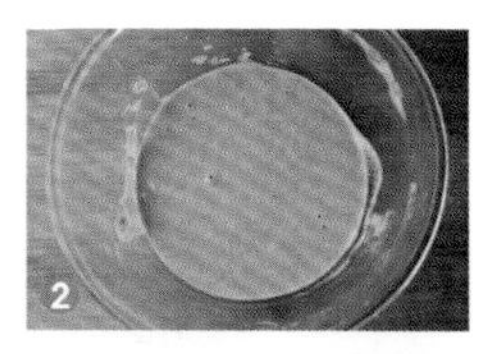

1 鸡蛋打散，加入牛奶、茶籽油搅拌均匀。

2 全麦面粉和泡打粉混合均匀后加入蛋奶液中，搅拌成面糊。

3 苹果去皮、去核后切薄片。

4 在模具中垫一层烘焙油纸，倒入1/3面糊。

5 摆好苹果片，再倒入剩下的面糊。

6 撒杏仁片，烤箱150℃预热，烤制40分钟。

TIPS

1 苹果尽量切得薄一些，这样看起来更像千层，口感也会更好。

2 可将一半全麦面粉换成低筋面粉，口感会更好。

第2周▸▸高钙　第1天

水果燕麦粥、烤芦笋、烤鸡蛋、豆腐虾肠

周一的早上总是忙碌又充满希望，有虾、有豆腐、有鸡蛋、有蔬菜，还有饱腹感超强的燕麦粥，完美！

20分钟

566千卡

水果燕麦粥	349千卡
烤芦笋	28千卡
烤鸡蛋	69千卡
豆腐虾肠	120千卡

营养说

燕麦的血糖生成指数比小米、玉米等粗粮还要低，非常有利于控制血糖、血脂，而且对肠道健康也有好处。

用料

水果燕麦粥

燕麦…40克

脱脂奶粉…20克

蓝莓…20克

猕猴桃…60克

圣女果…40克

杏仁片…5克

红提干…10克

薄荷叶…2片

烤芦笋

芦笋…150克

蒜…1瓣

葱花…1小勺

橄榄油…5毫升

盐…1/4小勺

黑胡椒碎…1/4小勺

烤鸡蛋

鸡蛋…1个

盐…1/4小勺

黑胡椒碎…1/4小勺

白芝麻…1/2小勺

葱花…1小勺

豆腐虾肠（见P18）…1份

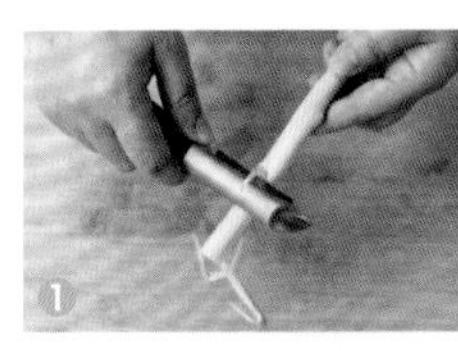

做法

1 芦笋去掉根部硬的部分，去皮。

2 蒜切末。

3 在锡纸上喷橄榄油，依次放入芦笋、蒜末、盐和黑胡椒碎，封好口。

4 鸡蛋打入小盘中，撒盐、黑胡椒碎、白芝麻和葱花。

5 将豆腐虾肠用锡纸包好。将芦笋、鸡蛋和豆腐虾肠放入烤箱，200℃烤制10分钟。

6 将燕麦和脱脂奶粉一起放入碗中，倒入300毫升热水冲泡。猕猴桃去皮、切片，圣女果对半切开，放入燕麦粥中，撒蓝莓、杏仁片、红提干，最后插薄荷叶装饰。

TIPS

1 豆腐虾肠可提前一晚放入冷藏室。

2 水果可不加在粥里，上午加餐时吃。

TASTY FOOD
TASTY FOOD

午餐 糙米饭、红烧牛肉、芹菜炒豆干、凉拌裙带菜、百香果水

这份便当即使不加热，味道也很棒。味道醇厚的牛肉加上清爽的蔬菜，又是心满意足的一餐。

30分钟

557千卡

糙米饭	208千卡
红烧牛肉	160千卡
芹菜炒豆干	146千卡
凉拌裙带菜	24千卡
百香果水	19千卡

用料

糙米饭

糙米…60克

红烧牛肉（见P19）…1份

芹菜炒豆干

芹菜…200克

豆干…40克

胡萝卜…50克

山茶油…10毫升

蒜…2瓣

生抽、蚝油、高汤…各10毫升

凉拌裙带菜…40克

百香果水

百香果…1个

罗汉果代糖…10克

营养说

芹菜可以促进肠道蠕动，还可以中和尿酸及体内的酸性物质，对预防痛风有一定效果。

做法

1 糙米和水按1：1.3的比例煮成糙米饭。

2 蒜切片，芹菜、豆干、胡萝卜切细条。

3 锅中放入山茶油，加入蒜片炒香。

4 先放入胡萝卜和芹菜翻炒。

5 芹菜炒软后，放入生抽、蚝油、高汤。

6 再放入豆干，炒至入味。

7 将炒好的芹菜豆干、红烧牛肉与凉拌裙带菜一起装入便当盒。

8 百香果肉中放罗汉果代糖，用凉开水冲泡。

TIPS

1 红烧牛肉可提前一晚放入冷藏室，解冻后用微波炉高火加热 2 分钟。

2 炒制过程中可加入50~100毫升水，即为水油煮菜，避免高温烹饪，一样入味好吃。

鲜虾杂蔬魔芋粉

让人食欲满满的一碗面，热量却只是普通一餐的一半，特别适合晚上吃，饱腹的同时又不会有太大负担。

25分钟

268千卡

营养说

魔芋中的多糖类物质遇水可以膨胀数倍，从而增强饱腹感，并延缓食物在肠道内的消化速度，特别适合在晚餐时食用。

用料

虾…200克	胡萝卜…50克	山茶油…10毫升	高汤…10毫升
魔芋粉…130克	洋葱…100克	蒜…1瓣	盐…1克
玉米粒…50克	番茄…150克	蒸鱼豉油…10毫升	番茄酱…30克
豌豆粒…50克	金针菇…100克	蚝油…10毫升	

做法

1 蒜切片，胡萝卜切丝，洋葱、番茄切小块。虾剪去虾须，从背部第三节处挑去虾线。

2 锅中倒入山茶油，放蒜片炒香。

3 放洋葱翻炒。

4 放入番茄翻炒出汁。

5 加番茄酱和300毫升水，煮至沸腾。

6 倒入蒸鱼豉油、蚝油、高汤，加盐调味。

7 放入胡萝卜、玉米粒、豌豆粒、金针菇、魔芋粉。

8 最后放入虾，煮至变色即可。

TIPS

1 蔬菜可以替换成其他叶类蔬菜。

2 玉米粒为碳水化合物主要来源，也可以用其他薯类、藕等代替。

加餐

豆腐巴斯克

火遍网络的巴斯克蛋糕热量满满，偶尔浅尝一下都会有犯罪感。用豆腐和酸奶做成改良版巴斯克，满足你吃甜品的小愿望！

30分钟

409千卡/个

用料（8个）

南豆腐…150克

酸奶…100克

鸡蛋…2个

玉米淀粉…20克

罗汉果代糖…15克

TIPS

1 只需搅匀，不用过度打发，否则成品会有气泡产生。

2 烤好的蛋糕可以趁热吃，也可以冷藏后吃。

营养说

豆腐和酸奶都是富含蛋白质和钙，而热量却不高的优质食材，用它们做成豆腐巴斯克，作为加餐非常合适。

做法

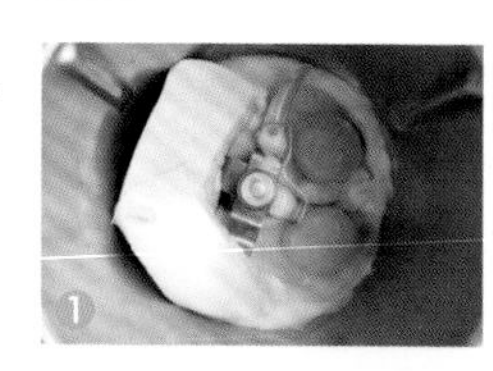

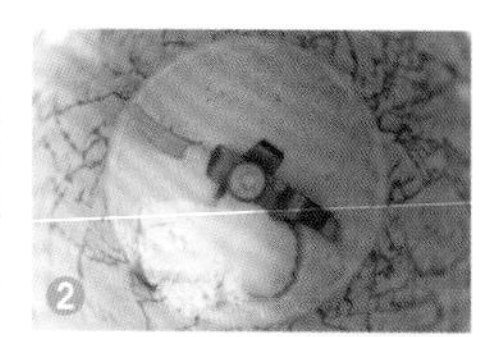

1 将南豆腐、鸡蛋、酸奶放入料理机中搅匀。

2 加入罗汉果代糖和玉米淀粉，混合均匀。

3 在模具中铺上烘焙油纸，倒入面糊，轻振几下，振出大气泡。

4 烤箱200℃预热，烤制25分钟即可。

第2天

早餐

紫薯山药茯苓糕、豆腐虾肠、烤蔬菜、抹茶豆浆

一边烤蔬菜，一边做豆浆，一份幸福的早餐就这么轻松制作完成了！

25分钟

540千卡

紫薯山药茯苓糕	250千卡
豆腐虾肠	120千卡
烤蔬菜	66千卡
抹茶豆浆	104千卡

用料

紫薯山药茯苓糕（见P21）…1份

豆腐虾肠（见P18）…1份

烤蔬菜

海鲜菇…100克

西蓝花、红甜椒、黄甜椒…各50克

橄榄油…5毫升

蚝油…15毫升

海鲜酱油…5毫升

咖喱粉…1/8小勺

蒜…1/2瓣

抹茶豆浆

抹茶粉…3克

熟豆（见P20）…1份

罗汉果代糖…15克

营养说

西蓝花富含的膳食纤维可助消化，防止便秘。

做法

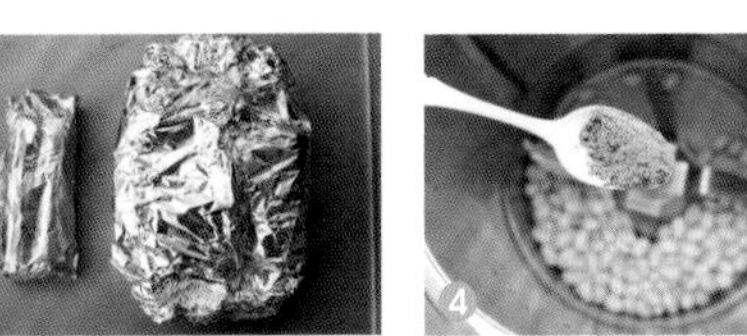

1 西蓝花切小朵，蒜切末，甜椒切丝。调料拌匀。

2 锡纸中放入海鲜菇、西蓝花、甜椒，加入调料汁拌匀后包好。豆腐虾肠用锡纸包好。

3 将蔬菜包和豆腐虾肠一起放入烤箱，200℃烤制15分钟。

4 将熟豆、抹茶粉和罗汉果代糖放入搅拌机中，加500毫升水，打成豆浆后煮沸。搭配紫薯山药茯苓糕。

TIPS

紫薯山药茯苓糕、熟豆和豆腐虾肠提前解冻。紫薯山药茯苓糕用微波炉加热 1 分钟。

TIPS

1 银鱼蛋饼里的蔬菜可以换成其他喜欢的青菜。

2 肉丸已调味，再制作时调味料应减量。

胚芽米饭、香菇肉丸炒胡萝卜、银鱼蛋饼、番茄汁

金黄色的银鱼蛋饼配上诱人的肉丸，让人看了就想吃。肉丸、银鱼、鸡蛋都富含优质蛋白，再配上圆白菜、胡萝卜和香菇，整餐的营养成分更加丰富。

40分钟

576千卡

胚芽米饭	207千卡
香菇肉丸炒胡萝卜	228千卡
银鱼蛋饼	134千卡
番茄汁	7千卡

用料

胚芽米饭

胚牙米…60克

香菇肉丸炒胡萝卜

香菇…100克

肉丸（见P20）…1份

胡萝卜…100克

蒜…2瓣

葱花…10克

山茶油、生抽、高汤…各10毫升

银鱼蛋饼

银鱼…50克

鸡蛋…1个

圆白菜…50克

山茶油…5毫升

盐…1/4小勺

料酒…1小勺

葱…2段

姜…3片

番茄汁

番茄酱…30克

营养说

银鱼的钙含量达到761毫克/100克，如果每天食用100克，仅它所提供的钙就基本满足一个成年人的需求量了。

做法

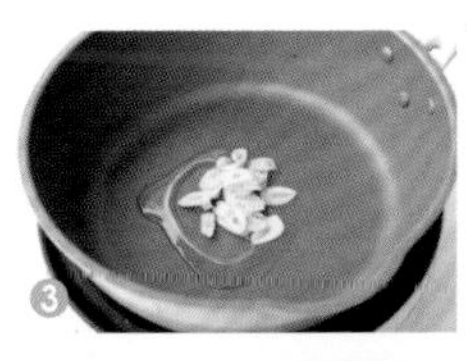

1 葱段和姜片放入碗中，浇上热水，做成葱姜水。银鱼泡在放凉的葱姜水里去腥，胚芽米和水以1：1.2的比例煮成米饭。

2 肉丸解冻后对半切开，香菇切片、胡萝卜切菱形片、圆白菜切细丝、蒜切片备用。

3 锅中倒入山茶油，加入蒜片炒香。

4 加入香菇片和胡萝卜片翻炒，放生抽、高汤调味。

5 加入肉丸炒匀，出锅前撒上葱花。

6 鸡蛋加料酒打散后加入圆白菜、银鱼和盐。

7 圆盘中刷一层山茶油，倒入蛋液。待蛋饼底部凝固后翻面，煎至两面金黄。

8 杯中放入番茄酱，加入300毫升热水，冲开。

晚餐

红烧牛肉盖浇饭

经过精心搭配，食物的色彩更能抓住眼球，让人有立刻大快朵颐的欲望。这道红烧牛肉盖浇饭就是用诱人的红烧牛肉配上色彩鲜艳的蔬菜。

30分钟

465千卡

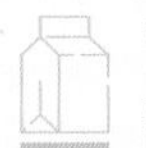

营养说

荞麦中的赖氨酸含量高而蛋氨酸含量低，可以与赖氨酸含量低的大米互补，从而提高蛋白质利用率。

用料

红烧牛肉（见P19）…1份　洋葱…100克　西蓝花…60克

荞麦…30克　香菇…100克　黑芝麻…1克

大米…30克　胡萝卜…40克

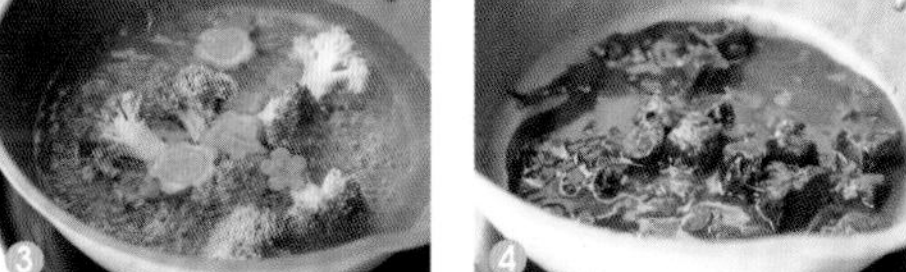

做法

1 将荞麦和大米一起做成荞麦米饭。

2 洋葱切小丁、香菇切片、胡萝卜切片后压花、西蓝花切小朵。

3 将胡萝卜片、西蓝花用油盐水焯熟。

4 锅中放入解冻后的红烧牛肉，加入50毫升水调汁。

5 加入洋葱丁和香菇炒熟。

6 荞麦米饭用碗定形后倒扣在盘子里。

7 盛入红烧牛肉。

8 摆上胡萝卜、西蓝花，用黑芝麻装饰。

TIPS

1 红烧牛肉已调味，直接加水调出汁后把菜煮熟即可，无须额外调味。

2 荞麦无须浸泡，直接与大米一起制作即可。

抹茶豆乳布丁

抹茶豆浆喝不完，变个身就成了营养健康的加餐，饿了、困了、累了，来杯抹茶豆乳布丁吧。

20分钟

49千卡/份

营养说

抹茶豆乳布丁含有丰富的蛋白质，可以增强饱腹感，适合加餐，也可在运动后补充蛋白质。

用料（5份）

抹茶豆浆…300毫升

脱脂牛奶…150毫升

吉利丁片…15克

罗汉果代糖…20克

抹茶粉…3克

蓝莓…9颗

薄荷叶…3朵

做法

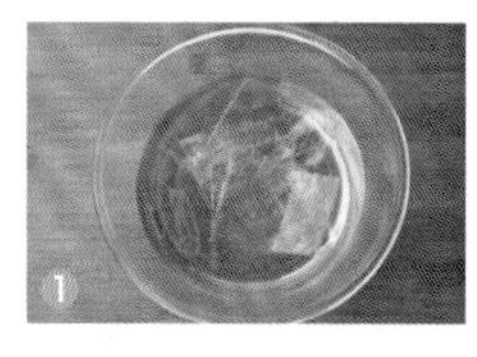
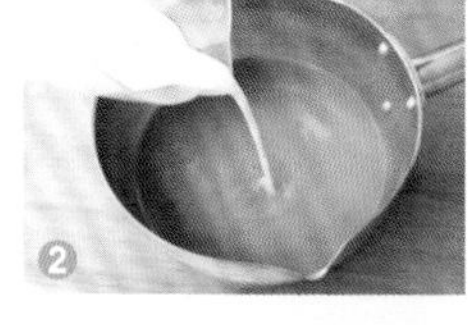
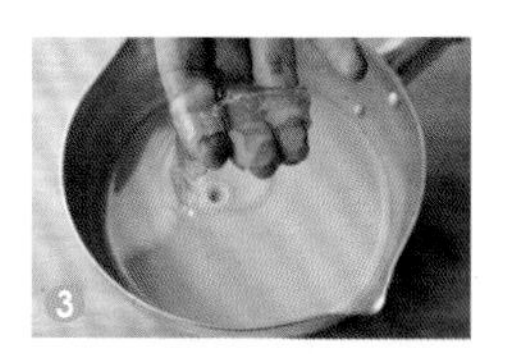
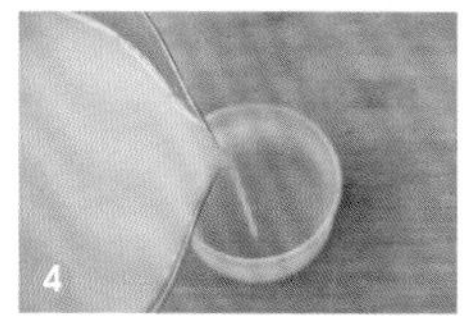

1 吉利丁片用冷水泡软。

2 抹茶豆浆、脱脂牛奶和罗汉果代糖一起加热至糖化开。

3 放至温热后加入吉利丁片，搅匀。

4 装入布丁碗中，放入冰箱中冷藏3小时。

5 取出布丁，用筛网均匀地撒上抹茶粉，摆上蓝莓。

6 用薄荷叶装饰。

TIPS

1 吉利丁片浸泡时间过长会太软，最后会化掉，最好用冷水，注意观察状态。

2 煮好的豆乳要放至温热后再加入吉利丁片，否则会影响成形。

第3天

早餐 香蕉华夫饼、煎胡萝卜丝、西柚酸奶

金黄的华夫饼外脆内软，搭配香蕉与西柚酸奶，让平凡的一天变得华丽起来。

30分钟

540千卡

香蕉华夫饼	404千卡
煎胡萝卜丝	48千卡
西柚酸奶	73千卡
生菜	8千卡
圣女果	7千卡

用料

香蕉华夫饼

香蕉…100克

全麦红提欧包（见P19）…1份

鸡蛋…1个

盐…1克

香草精…3~5滴

柠檬皮屑…1/2小勺

煎胡萝卜丝

胡萝卜…150克

橄榄油…5毫升

盐、黑胡椒碎…各1/4小勺

西柚酸奶

西柚…50克

无糖酸奶…150克

生菜…50克

圣女果…30克

营养说

水果中含有天然果糖，可以代替精制糖，还能增加维生素和膳食纤维的摄入。

做法

1 将全麦红提欧包切小丁，鸡蛋打散，香蕉压成泥。加入香草精、盐、柠檬皮屑拌匀。

2 胡萝卜切丝，加入橄榄油、盐、黑胡椒碎。

3 早餐机刷薄油，一边做华夫饼，另一边煎胡萝卜丝，做好后与生菜、圣女果一起摆盘。

4 将西柚果肉切碎后放入酸奶中即可。

TIPS

1 香蕉选择熟透的，如果特别硬，可以用微波炉高火转 1 分钟，变软后使用。

2 早餐机可以用平底锅代替。

午餐 藜麦米饭、抱蛋蔬菜豆卷、芦笋肉丸

抱蛋蔬菜豆卷是一道特色小吃，加入了丰富的蔬菜，蛋白质、维生素、膳食纤维样样都有，把它装进工作日的便当里，谁说营养和美味不能兼得？

35分钟

577千卡

藜麦米饭	175千卡
抱蛋蔬菜豆卷	213千卡
芦笋肉丸	189千卡

用料

藜麦米饭

藜麦…25克

大米…25克

抱蛋蔬菜豆卷

豆腐千张、胡萝卜、金针菇、香菜…各50克

鸡蛋…1个

料酒…5毫升

生抽…10毫升

韩式辣椒酱…1大勺

盐…1/4小勺

葱末…1大勺

苹果泥…2大勺

蒜末、醋、芝麻油、白芝麻粒…各1小勺

胡椒粉…1/4小勺

橄榄油…5毫升

芦笋肉丸

芦笋…100克

肉丸（见P20）…1份

蚝油…10毫升

鸡汤汁…10毫升

水…50毫升

黑胡椒碎…1/4小勺

桂花枸杞茶…1杯

营养说

大米在精加工时很多营养成分也流失了，导致营养单一且吸收消化太快，造成血糖波动及脂肪囤积。在大米中加入荞麦、藜麦、燕麦、小米、薏米以及各种薯类和豆类就可以解决这个问题。

做法

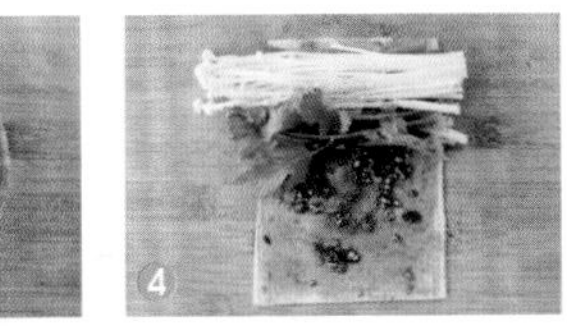

1 将藜麦和大米混合，煮成米饭。

2 豆腐千张焯烫后切方块，胡萝卜切细丝、金针菇去根、香菜切段。鸡蛋加料酒打散。

3 将抱蛋蔬菜豆卷的所有调料调匀。

4 在豆腐千张上刷一层酱料，放上蔬菜卷起，依次做好其他几个。

5 锅中喷一层橄榄油，将蔬菜卷放入锅中。

6 两面煎熟后淋蛋液，待蛋液凝固。

7 芦笋去老根，去皮、切段，肉丸对半切开。锅中加入肉丸、蚝油、鸡汤汁、水，煮开后加入芦笋煮熟，加入黑胡椒碎调味。

8 搭配桂花枸杞茶。

TIPS

芦笋肉丸采用水油煮方式，肉丸中的脂肪代替油，用少许调味品调味，更加健康。

晚餐 口蘑牛肉炒荞麦面、迷迭香水果饮

大块的牛肉加上五彩蔬菜，胃里满足的同时也不用担心发胖，这道面在减脂期间可以经常吃。

30分钟

452千卡

口蘑牛肉炒荞麦面	424千卡
迷迭香水果饮	28千卡

用料

口蘑牛肉炒荞麦面

口蘑…100克

红烧牛肉（见P19）…1份

圆白菜…100克

甜椒…100克

荞麦面…50克

黑胡椒碎…5克

蚝油…15毫升

盐…1/2小勺

迷迭香水果饮

苹果…30克

红提…20克

柠檬…1/2片

迷迭香…1枝

无糖气泡水…300毫升

做法

1 口蘑切十字刀，圆白菜和甜椒切丝。

2 锅中放入500毫升水烧开，将荞麦面煮熟，捞出沥干水分。

3 锅中放入红烧牛肉，倒入100毫升水。加入口蘑翻炒，加蚝油、盐调味。

4 加入圆白菜翻炒。加入荞麦面，搅拌入味。

5 最后加入甜椒、黑胡椒碎，翻拌均匀。

6 苹果切片，红提对半切开，用叉子扎几下。将所有水果放入杯中，倒入无糖气泡水，用迷迭香装饰。

营养说

食物中水分含量是判断其热量多少的一个重要指标，比如蔬菜大多含80%~90%的水分，多属于低热量食材。而像肉干、果干、坚果等干性食材，热量就会高出很多。

TIPS

1 面条煮至八分熟即可，后面入锅还会加热，否则太软。

2 甜椒富含维生素C，在出锅前放入，可以减少维生素损失。

3 水果饮可以多浸泡一会，让水果的香气和甜味渗入水中。无糖气泡水可以用纯净水代替。

银鱼薯饼

土豆有很强的饱腹感，热量却远低于其他主食，非常适合做加餐。一起来试试这道简单的小饼干吧！

30分钟

20千卡/块

营养说

土豆除了基础的碳水化合物，还包含维生素和矿物质。与银鱼组合，变成一份高钙的加餐。

用料（36块）

土豆…100克

低筋面粉…120克

玉米油…20毫升

银鱼…50克

柠檬…3片

海苔…1/4张

盐…1/2小勺

做法

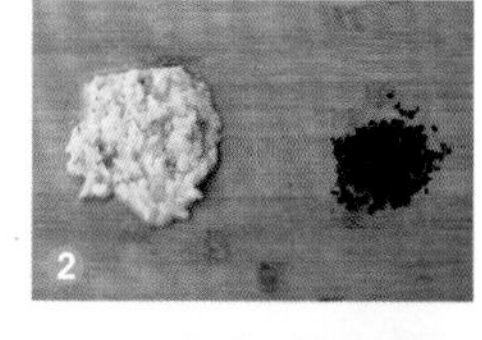

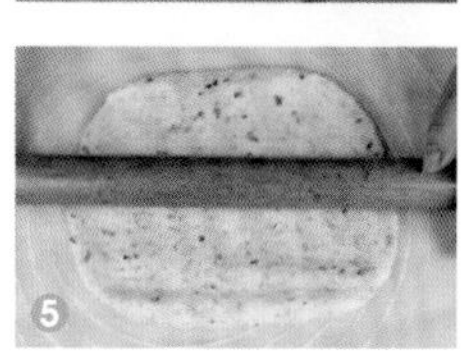

1 银鱼加柠檬片腌制10分钟，去腥。

2 将银鱼切小丁，海苔切碎备用。

3 土豆去皮、切块，蒸15分钟后碾成泥。

4 加入低筋面粉、盐、玉米油、银鱼丁、海苔搅拌均匀，和成面团。

5 将面团放在案板上，擀成厚约3毫米的面饼。

6 将面饼切成方形，中间扎小孔，放入铺好烘焙油纸的烤盘中，烤箱175℃预热，烤制25分钟。

TIPS

1 土豆品种不同，含水量也不同，需适当调整低筋面粉的用量。

2 吃不完要密封保存，否则容易回软。

第4天

早餐

开放式三明治、苹果胡萝卜汁

每餐都吃得营养均衡，只要掌握一个简单的公式就可以做到：复合主食+优质蛋白质+蔬菜+奶或奶制品，适量增加低糖水果，确保总热量不超标。

30分钟

485千卡

开放式三明治	408千卡
苹果胡萝卜汁	70千卡
圣女果	7千卡

用料

开放式三明治

全麦红提欧包（见P19）…1份

鸡蛋…1个

菠菜…150克

黄瓜…50克

焙煎芝麻酱…10克

低脂黄芥末酱…10克

黑胡椒粉…1/2小勺

苹果胡萝卜汁

苹果…100克

胡萝卜…50克

水…300毫升

圣女果…5颗

营养说

菠菜属深绿色蔬菜，含有大量胡萝卜素、维生素C、硒、铁和膳食纤维，熟制后容易消化吸收，适合经常食用。

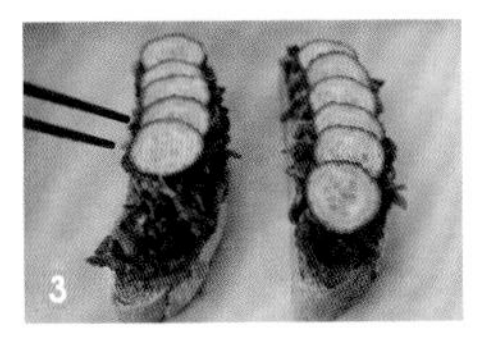

做法

1 鸡蛋煮熟、切片，黄瓜切片备用。

2 菠菜用油盐水焯熟后挤干水分，切小段。加入焙煎芝麻酱和低脂黄芥末酱拌匀。

3 全麦红提欧包用烤箱120℃烤制10分钟，取出后放菠菜，铺上黄瓜片。

4 放鸡蛋，撒黑胡椒粉。

5 苹果和胡萝卜切小块。

6 放入料理机中，加水，100℃加热5分钟，然后打成汁，搭配圣女果上桌。

如没有可加热的料理机，可以用小锅先煮，然后再用料理机打汁。

午餐 番茄肉丸意面、油菜腐竹胡萝卜、奶茶

意面、奶茶自己做，少油、少盐、少糖，这才是健康轻食该有的样子。

30分钟

537千卡

番茄肉丸意面	387千卡
油菜腐竹胡萝卜	101千卡
奶茶	49千卡

用料

番茄肉丸意面

番茄…250克

洋葱…100克

肉丸（见P20）…1份

意大利面…40克

山茶油…10毫升

番茄酱…30克

盐…1/2小勺

高汤…15毫升

黑胡椒粉…1/2小勺

油菜腐竹胡萝卜

油菜…150克

腐竹…10克

胡萝卜…100克

山茶油…10毫升

生抽…15毫升

高汤…10毫升

奶茶

红茶包…1包

脱脂牛奶…150毫升

营养说

市售奶茶大多由高热量材料制成，容易造成肥胖。其中的果葡糖浆还可能诱发痛风，所以还是自己制作更安心、健康。

做法

1 腐竹浸泡半小时后切小块，胡萝切片。番茄、洋葱切小丁，肉丸对半切开。

2 将意大利面煮至八分熟，捞出沥干水分。

3 锅中放入山茶油，加入洋葱丁翻炒。

4 加入番茄丁炒出汁后放番茄酱、盐、高汤、黑胡椒粉调味。

5 加入肉丸翻炒，最后加入意大利面拌匀。

6 另起锅放入山茶油，加入胡萝卜炒软后加入腐竹翻炒。

7 加入50毫升水。加入生抽、高汤调味。加入油菜，炒至断生。

8 红茶包用热水浸泡5分钟，加入脱脂牛奶。

TIPS

意大利面煮至八分熟即可，后期还会加热，吃时口感更好。煮熟后不要泡水，否则会影响酱汁入味。

黑椒鲜虾魔芋丝、西柚气泡水

脆、嫩、糯、鲜、甜，多重口感的一餐，立刻就会抓住你的胃！丰富的食材、超强的饱腹感让你满足过后马上就期待下一餐的到来。

30分钟

262千卡

黑椒鲜虾魔芋丝	253千卡
西柚气泡水	9千卡

用料

黑椒鲜虾魔芋丝
虾…100克
藕…100克
魔芋丝…130克
鸡蛋…1个
黄瓜…50克
洋葱…50克
红辣椒…30克
蒜…2瓣
稻米油…10毫升
料酒…5毫升
香醋…5毫升
高汤…10毫升
蚝油…15毫升
生抽…10毫升
罗汉果代糖…1小勺
黑胡椒碎…1小勺
玉米淀粉…3克
柠檬汁…5毫升

西柚气泡水
西柚…1片
薄荷叶…2片
无糖气泡水…350毫升

营养说

莲藕淀粉含量较高，在轻断食的晚餐中作为主食登场，配合魔芋、蔬菜、鸡蛋及虾，满足代谢需求，又可以把热量降到最低。

做法

1 藕切丁、黄瓜切丝、洋葱切丁、红辣椒切小丁、蒜切末。藕和魔芋丝分别焯熟后捞出。

2 虾去壳，背部切开后去虾线。加柠檬汁、玉米淀粉拌匀后腌制。

3 鸡蛋打散，煎成蛋饼，切丝备用。

4 锅中放入稻米油，加入蒜末和洋葱炒香。

5 放入虾，加入料酒和香醋调味。加入藕丁翻炒。

6 加入50毫升水、生抽、蚝油、高汤、黑胡椒碎、罗汉果代糖。

7 加入魔芋丝拌匀，装盘，放上蛋丝、黄瓜丝、红辣椒丁。

8 西柚切片，加入无糖气泡水，用薄荷叶装饰。

加餐

火龙果奶片

奶片自己做非常简单，原料只有火龙果和奶粉，取材天然，口味醇厚，妈妈再也不用担心我缺钙啦。

30分钟

7千卡/块

营养说

奶及奶制品是优质蛋白和钙的重要来源之一，其中含有乳糖和少量的天然维生素D，能促进钙的吸收。有较好的饱腹感。

用料（50块）

火龙果…1个

奶粉…70克

做法

1 火龙果切小块，用筛网压出汁。

2 取30毫升火龙果汁，和奶粉一起和成面团。

3 将面团放到烘焙油纸上，上面再盖一张纸，擀成厚约3毫米的片。

4 用花形模具压成奶片。烤箱80℃预热，烤制20分钟即可。

TIPS

1 可以用其他水果做成不同颜色的奶片。

2 奶片无任何添加，做好后应密封保存，尽快吃完。

第5天

早餐

蓝莓面包布丁、酿烤甜椒、胡萝卜银耳豆浆

紧张、忙碌的晨间时光，因为这份美好的早餐而变得轻松、甜蜜。

30分钟

584千卡

蓝莓面包布丁	353千卡
酿烤甜椒	172千卡
胡萝卜银耳豆浆	52千卡
圣女果	7千卡

用料

蓝莓面包布丁

全麦红提欧包（见P19）…1份

脱脂牛奶…100毫升

鸡蛋…1个

蓝莓…15克

酿烤甜椒

红甜椒…100克

豆腐虾肠（见P18）…1份

马苏里拉奶酪…10克

胡萝卜银耳豆浆（2份）

胡萝卜…20克

银耳…3克

熟豆（见P20）…1份

圣女果…5颗

营养说

银耳可以增加膳食纤维的摄入，减少脂肪的吸收。

做法

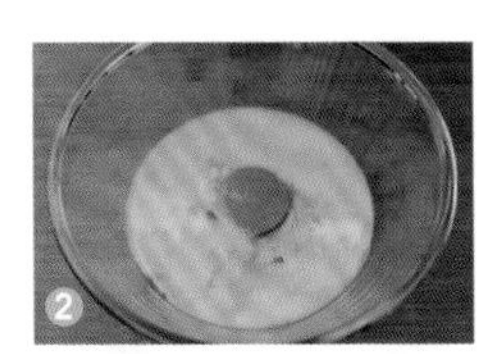

1 银耳泡发，胡萝卜切小块，和熟豆一起放到豆浆机里，加水做成豆浆。

2 鸡蛋打散，加入脱脂牛奶搅拌均匀。

3 全麦红提欧包切小丁，加入蛋奶液，静置10分钟，撒蓝莓，放入烤箱，180℃烤20分钟。

4 豆腐虾肠切小块，放入去籽的红甜椒里，撒奶酪。待面包布丁烤到还剩10分钟时，放到烤箱里一起烤10分钟。搭配圣女果上桌。

营养说

这份便当除了少量盐，没有添加其他调味品，吃的就是食材本身的味道。轻盐少油，是我们推荐的饮食方式。

紫薯山药茯苓糕、蒸海虾、菠菜蛋卷

午餐

清爽的便当，更能让人尝到食材的本味，就如我们的生活一样，在平淡中把它过得有滋有味。

30分钟

499千卡

紫薯山药茯苓糕	250千卡
蒸海虾	79千卡
菠菜蛋卷	151千卡
西蓝花	13千卡
圣女果	6千卡

用料

紫薯山药茯苓糕（见P21）…1份

蒸海虾

虾…100克

姜…2片

菠菜蛋卷

菠菜…150克

鸡蛋…2个

山茶油…5毫升

盐…1/2小勺

柠檬薄荷水…1杯

西蓝花…50克

圣女果…5颗

做法

1 虾去须、去虾线，和姜一起蒸12分钟。

2 西蓝花和菠菜用油盐水焯后沥干水分，菠菜切段。

3 鸡蛋加盐打散。

4 锅中刷一层薄油，倒入蛋液。

5 待蛋液底部凝固时摆上菠菜，将蛋皮卷起。

6 将做好的蛋卷切成小段。

7 将蛋卷摆到便当盒中，旁边摆上虾。

8 在另一便当盒底部铺上生菜（材料外），摆上加热好的紫薯山药茯苓糕，用西蓝花填满，装饰圣女果。搭配柠檬薄荷水。

TIPS

1 紫薯山药茯苓糕提前一晚解冻，早上用微波炉或烤箱热一下再装入便当盒。

2 菠菜焯好后一定要挤干水分，否则成品水太多。

玉米番茄牛肉锅

热气腾腾的一锅美食端上来，香气四溢，立刻能卸下忙碌了一周的疲惫。这个小锅做法简单，营养和味道却是极好，番茄酸甜的味道与牛肉相辅相成，金针菇补充了膳食纤维，玉米作为复合主食，饱腹的同时也补充了玉米黄素，给累了一天的眼睛做个按摩吧。

30分钟

493千卡

营养说

熟番茄含有大量的番茄红素，具有独特的抗氧化能力，能够清除体内自由基。丰富的维生素C在苹果酸、柠檬酸的保护下，即使加热也会有所保留，这些对预防疾病及保护皮肤都有积极的作用。

用料

玉米…240克	金针菇…100克	番茄酱…30克
番茄…250克	葱花…10克	盐…1/2小勺
牛肉卷…100克	山茶油…10毫升	高汤…10毫升

做法

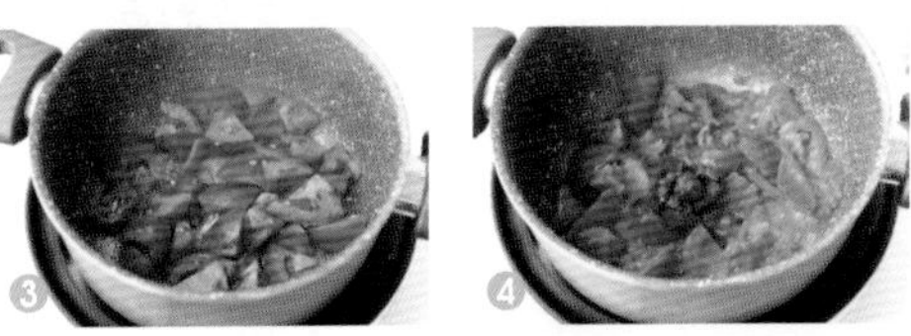

1 锅中加水烧开，放入牛肉卷焯去血水。
2 番茄去蒂、切块，玉米切段。
3 锅中放入山茶油，加番茄翻炒出汁。
4 加入番茄酱继续翻炒。
5 加入600毫升水，煮至沸腾。
6 加入玉米段和金针菇煮15分钟。
7 加盐和高汤调味。
8 最后加入牛肉煮1分钟，出锅时放葱花即可。

TIPS

1 牛肉卷焯水时间不宜过长，否则肉质容易老，水再度沸腾即可。

2 番茄酱可以增加番茄红素的摄入，也可以让汤汁更浓稠，没有可不加。

加餐

红米虾条

虾条曾经是风靡一时的小零食之一，市售的虾条含有添加剂，过多食用会让人味觉变重、食欲降低，增加肥胖的风险，不如自己做吧。

30分钟

3.3千卡/个

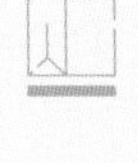

营养说

红米的加入增加了钙和膳食纤维，在营养上更加均衡。

用料（共78个）

虾…10只

红米饭…75克

土豆淀粉…30克

水…30毫升

柠檬…2片

盐…1克

白砂糖…1克

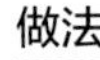

做法

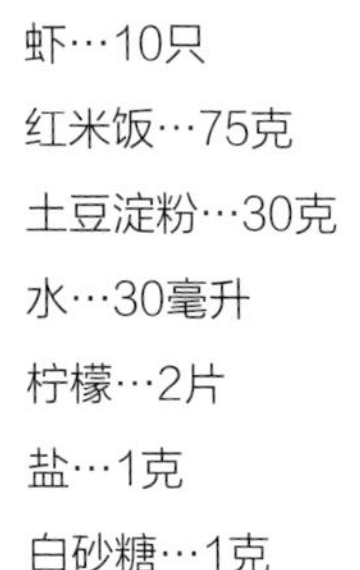
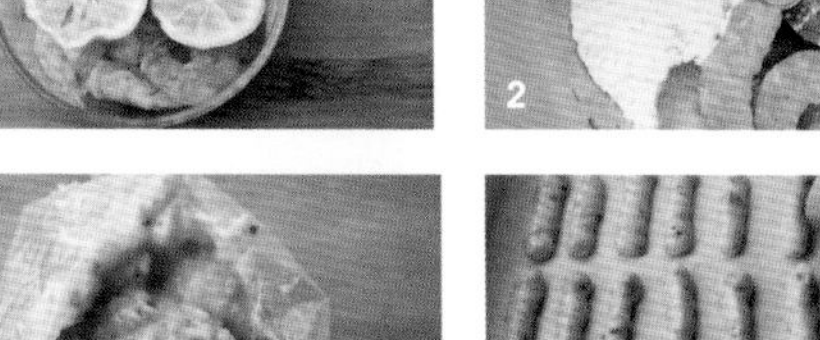
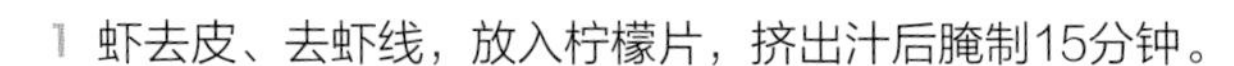

1 虾去皮、去虾线，放入柠檬片，挤出汁后腌制15分钟。

2 将虾放入料理机中，依次加入红米饭、土豆淀粉、水、白砂糖和盐，搅拌成糊。

3 将裱花袋放在杯子里，将虾米糊装入裱花袋中。

4 裱花袋前剪宽约8毫米的小口，在烤盘上挤成长约5厘米的条，烤箱170℃预热，烤35分钟即可。

TIPS

1 搅拌好的虾米糊要略稠一些，否则成形后是扁的。

2 烤好的虾条是中空酥脆的口感，室内久放会软，吃不完要密封存放。

第6天

早餐 蒜香面包片、茄汁焗豆

在英式早餐中，茄汁焗豆占有重要位置，除了营养价值，那浓郁的口味和吃完后的满足感都叫人难忘。

30分钟

572千卡

蒜香面包片	242千卡
茄汁焗豆	110千卡
肉丸	170千卡
生菜	16千卡
口蘑	22千卡
圣女果	7千卡
咖啡	5千卡

营养说

大豆的蛋白质含量可以与肉媲美，钙含量也很高，建议每人每天食用豆制品25克。

用料

蒜香面包片
全麦红提欧包（见P19）…1份
橄榄油…5毫升
蒜…2瓣
葱花…15克
欧芹碎…5克

茄汁焗豆（2人份）
洋葱…50克
橄榄油…5毫升
番茄酱…30克
熟豆（见P20）…2份
盐…1/4小勺
黑胡椒碎…1/4小勺

肉丸（见P20）…1份
口蘑…50克
生菜…100克
圣女果…5颗
咖啡粉…1.8克

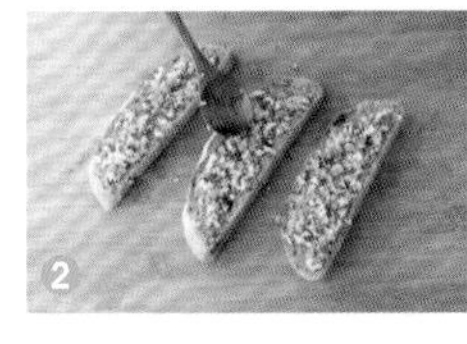

做法

1 锅中喷橄榄油，加入切碎的洋葱炒香。加入熟豆、番茄酱和100毫升水，水开后煮5分钟。加入盐和黑胡椒碎调味。

2 蒜切末，将橄榄油、蒜末、葱花、欧芹碎拌匀，抹在切片的全麦红提欧包上。

3 将面包片、肉丸、口蘑一起放到烤盘里，180℃烤制10分钟。搭配生菜、圣女果装盘。

4 咖啡粉中倒入150毫升热水，做成黑咖啡。

烤玉米、咖喱牛肉菜花、姜汁扇贝圆白菜

周末的午餐吃点儿不一样的吧，热情的印尼咖喱风味烤菜花，酸奶和咖喱的搭配绝对是你意想不到的美味！可以用它来招待朋友，也可以带着外出野餐，都是不错的选择。

30分钟

479千卡

烤玉米	157千卡
咖喱牛肉菜花	202千卡
姜汁扇贝圆白菜	54千卡
脱脂牛奶	66千卡

营养说

菜花营养丰富，是含有类黄酮最多的食物之一，可以防止感染，防止胆固醇氧化，有益心血管健康。

用料

烤玉米

玉米…1根

咖喱牛肉菜花

红烧牛肉（见P19）…1份
菜花…100克
西葫芦…50克
红甜椒…50克
蒜…1瓣
姜…1片
咖喱粉…1小勺
番茄酱…2小勺
红辣椒…1/2根
孜然粉…1/4小勺
盐…1/2小勺
黑胡椒碎…1/4小勺
原味酸奶…50克

姜汁扇贝圆白菜

扇贝肉…30克
圆白菜…150克
姜…2片
香油…1小勺
蒸鱼豉油…10毫升
盐…1/4小勺
黑胡椒粉…1/4小勺

脱脂牛奶…200毫升

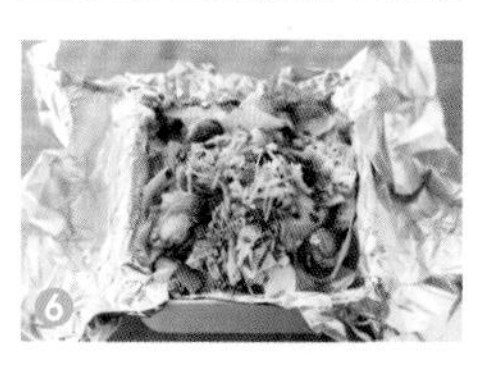

做法

1 玉米切小段，放入铺上锡纸的烤碗里，封好口。

2 菜花、西葫芦、红甜椒切小块，蒜切末，姜切细丝。

3 将所有调料和酸奶放到小碗里拌匀。

4 在铺好锡纸的烤碗中放入红烧牛肉和蔬菜，淋调料汁，拌匀后封好口。

5 将圆白菜用手掰成小块，姜切丝。

6 在铺好锡纸的烤碗中放入圆白菜、扇贝肉和姜丝。

7 依次放入香油、蒸鱼豉油、盐和黑胡椒粉，拌匀后封好口。

8 将准备好的食材一起放入烤箱，200℃烤制30分钟即可。搭配脱脂牛奶。

五彩鸡丝荞麦面

丰富的色彩总是能给人带来好心情，丰富的营养更能带来健康。五彩鸡丝荞麦面就是这样一道既有颜值又有内涵的美食。

30分钟

418千卡

营养说

《中国居民膳食指南（2016）》建议，膳食纤维每天的摄入量为25~30克，与普通的鸡丝拌面不同，这里加入了银耳和裙带菜，这两种食材都富含可溶性膳食纤维，平时可以多吃些。

用料

黄瓜…50克
胡萝卜…50克
鸡蛋…1个
鸡胸肉…100克
蟹肉棒…50克
银耳…5克
荞麦面…50克
裙带菜…20克
生抽…5毫升
蒸鱼豉油…5毫升
蚝油…10毫升
高汤…5毫升
陈醋…10毫升
盐…1/4小勺
罗汉果代糖…1/2小勺
蒜…1瓣
熟芝麻…1小勺
料酒…10毫升

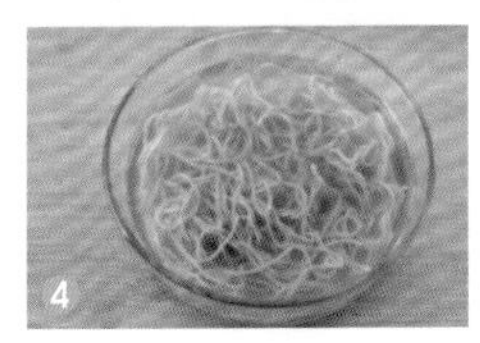

做法

1 鸡蛋打散。锅中刷入一层薄油，将鸡蛋煎成蛋饼后切丝。

2 鸡胸肉凉水下锅，加入料酒，煮熟后沥干水分，撕成细丝。

3 黄瓜、胡萝卜切细丝，蟹肉棒撕成细丝，银耳分成小朵。

4 荞麦面煮熟后立刻过凉水，捞出沥干水分。

5 荞麦面盛盘，四周摆上鸡丝、蔬菜丝、鸡蛋丝和裙带菜。

6 蒜切末，与其他调料一起在小碗中拌匀，淋在面上拌匀。

TIPS

1 鸡蛋用筛网过滤，可以避免煎时表面出现小气泡。

2 煮鸡肉时低温慢煮，这样肉质会嫩一些。

3 荞麦面煮熟后马上过凉水，去掉表面糊化淀粉，吃起来口感好，还能避免升糖过快。

加餐

山楂小方

全家都会爱上的小甜点，酸酸甜甜、一口一个，做法还超级简单，只需几步，就能做出和甜品店里一样好吃的小方。

25分钟

13千卡/块

营养说

山楂中较为突出的营养素有钙、维生素C、膳食纤维等，其中钙含量在水果中属于较高的种类。

用料（30块）

山楂…100克

牛奶…120毫升

玉米淀粉…25克

椰蓉…20克

罗汉果代糖…20克

做法

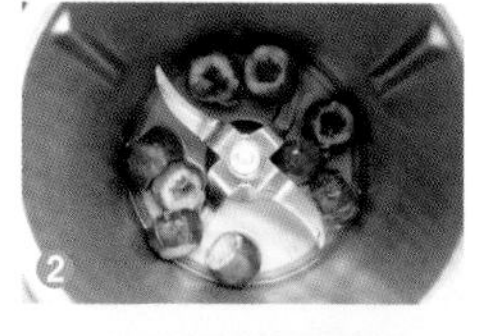

1 山楂去核，加水煮熟。

2 将山楂用料理机打成果泥。

3 锅中加入山楂泥、玉米淀粉、罗汉果代糖和牛奶。

4 边加热边搅拌至面糊变浓稠，提起刮刀可以缓慢掉落。

5 将煮好的面糊倒入裱花袋中，挤到硅胶模具中冷却，脱模。

6 将山楂小方放入椰蓉里滚一下，裹满椰蓉即可。

TIPS

1 山楂口感偏酸，加入罗汉果代糖可以很好地中和酸味。

2 煮山楂面糊时注意掌握火候，时间短了做出来会不成形；时间久了，成品会太硬，以提起刮刀可以缓慢掉落为好。

3 没有模具可以倒入玻璃碗中，待凝固后切成方形即可。

红烧牛肉荞麦面

早餐

因为有了提前制作好的红烧牛肉，只需煮个鸡蛋，切好青菜，没多一会儿就能吃上料足味美的牛肉面啦。

25分钟

536千卡

营养说

荞麦中的芦丁有降血脂和胆固醇、软化血管、保护视力和预防脑血管出血的作用。用荞麦当主食，有利于降血脂和延缓血糖升高。

用料

红烧牛肉（见P19）…1份

荞麦面…50克

生菜…100克

胡萝卜…50克

豆干…40克

鸡蛋…1个

生抽…15毫升

高汤…10毫升

做法

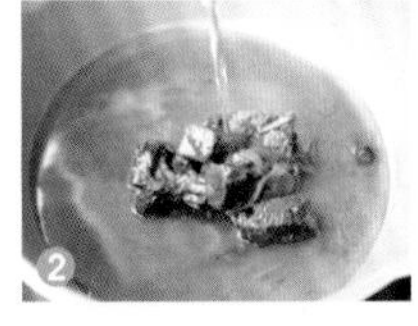

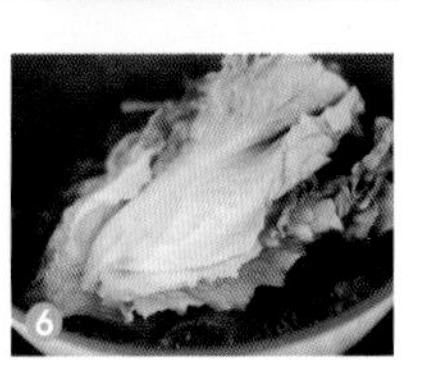

1 鸡蛋煮熟后对半切开，豆干切片，胡萝卜切片、压花。

2 红烧牛肉加400毫升水煮开。

3 加入生抽、高汤调味。

4 放入荞麦面煮熟。

5 放入豆干和胡萝卜。

6 最后放洗好的生菜，煮至断生即可。

TIPS

1 蔬菜可以换成自己喜欢的绿叶菜。

2 牛肉因为事先调过味，不需加入太多调料。

蛋蒸风琴土豆、鸡汁莴笋蒸胡萝卜、蒜香扇贝蒸娃娃菜、冰红茶多多

蛋蒸土豆是主食，也是菜，模样也很可爱。适合一家人一起吃，也同样适合宴客时惊艳上桌。

40分钟

462千卡

蛋蒸风琴土豆	270千卡
鸡汁莴笋蒸胡萝卜	31千卡
蒜香扇贝蒸娃娃菜	79千卡
冰红茶多多	82千卡

用料

蛋蒸风琴土豆

土豆…200克

鸡蛋…1个

冷冻蔬菜粒…60克

盐…1/4小勺

料酒…5毫升

蒸鱼豉油…5毫升

鸡汁莴笋蒸胡萝卜

莴笋…100克

胡萝卜…50克

鸡汁…15毫升

蒜香扇贝蒸娃娃菜

扇贝肉…100克

娃娃菜…150克

蒜…2瓣

山茶油…5毫升

蒸鱼豉油…15毫升

冰红茶多多

红茶包…1包

低糖养乐多…200毫升

冰块…3块

做法

营养说

蒸是轻食中较为推荐的烹饪方式，少油、少盐，还能减少油烟伤害。

TIPS

1 鸡蛋加料酒可以去腥。

2 莴笋和胡萝卜直接切成片也可以。

1 土豆去皮，切成厚约2毫米的片。

2 将土豆片在盘中旋转摆好，放入蔬菜粒。

3 鸡蛋加料酒和盐，打散，过筛网，倒入土豆中。

4 蒜切末，娃娃菜切成4份。

5 锅中放入山茶油，加入蒜炒香。

6 将炒好的蒜倒在摆好的娃娃菜和扇贝肉上，倒入蒸鱼豉油。

7 莴笋和胡萝卜去皮、刨成片。将莴笋片和胡萝卜片摆在盘中，淋上鸡汁。

8 将所有准备好的菜放入蒸锅中，水开后蒸15分钟。

9 在蒸好的土豆上淋蒸鱼豉油。红茶包用纯净水泡10分钟，加入低糖养乐多和冰块。

紫薯山药茯苓糕、番茄丝瓜汤、凉拌西葫芦

晚餐吃得清淡些，薯类加上番茄丝瓜汤和凉拌西葫芦，完全不用担心热量超标。

30分钟

470千卡

紫薯山药茯苓糕	250千卡
番茄丝瓜汤	175千卡
凉拌西葫芦	45千卡

营养说

丝瓜被称为“美人水”，含有防止皮肤老化的B族维生素、增白皮肤的维生素C等，能够消除斑块，使皮肤洁白、细嫩。

用料

紫薯山药茯苓糕

（见P21）…1份

番茄丝瓜汤

番茄…300克

丝瓜…200克

油豆泡…30克

蒜…2瓣

葱花…5克

山茶油…10毫升

盐…1/2小勺

胡椒粉…1小勺

凉拌西葫芦

西葫芦…1根（约240克）

蒜…2瓣

小米辣…2个

生抽…1大勺

蒸鱼豉油…1大勺

陈醋…1大勺

香油…5毫升

罗汉果代糖…10克

熟芝麻…5克

凉开水…30毫升

做法

1 番茄切大块，丝瓜去皮、切滚刀块，油豆泡切条，蒜切末。

2 锅中放入山茶油，加入蒜末炒香。

3 放入番茄翻炒出汁，加丝瓜翻炒。

4 倒入300毫升水，煮沸后加盐、胡椒粉调味。

5 加入油豆泡，再次煮至沸腾，撒葱花。

6 西葫芦刨成细丝、蒜切末、小米辣切小段。

7 在小碗中放入所有配料和凉开水，搅匀调成酱汁。

8 将西葫芦丝在盘中摆好，淋上酱汁。

9 紫薯山药茯苓糕用微波炉高火加热1分钟。

TIPS

不能吃辣可以不放小米辣。

加餐

豆腐苏打饼干

咸脆的口感，淡淡的豆香，还有一丝迷人的葱香，绝对值得一试！

35分钟

7千卡/块

营养说

把豆腐加到饼干里，增加了蛋白质和钙，营养价值和饱腹感很高。

用料（100块）

豆腐…50克
牛奶…30毫升
低筋面粉…160克
奶粉…30克
酵母粉…1小勺
山茶油…30毫升
盐…1/2小勺
苏打粉…1/4小勺
罗汉果代糖…15克
香葱碎…15克

做法

1 牛奶中加酵母粉，搅拌至酵母粉化开。

2 加入山茶油拌匀，再加入豆腐搅拌均匀。

3 将低筋面粉、奶粉、盐、苏打粉、罗汉果代糖混合均匀，加入豆腐液中。

4 用刮刀拌匀，再用手和成面团，加入香葱碎揉成光滑的面团，盖上保鲜膜松弛30分钟。

5 案板上放少许干粉，将面团擀成厚约2毫米的圆饼，用叉子扎小孔。

6 用模具压出饼干。烤盘上铺烘焙油纸，放饼干醒发10分钟。烤箱160℃预热，烤制25分钟。

TIPS

1 在饼干上扎小孔是为了防止烘烤时中间鼓起，影响成品形状。

2 根据饼干的薄厚程度调整烤制时间。

3 这款饼干是咸口的，也可以不加代糖。

早餐

鲜虾豆腐蛋羹、杏仁奶

简单、丰盛、制作轻松，一盘就是一餐，全营养、无负担，当作早餐、午餐还是晚餐都可以，这种餐桌上的健康新时尚，快来一起试试吧。

25分钟

536千卡

鲜虾豆腐蛋羹	369千卡
杏仁奶	131千卡
猕猴桃	36千卡

用料

鲜虾豆腐蛋羹

虾…100克

豆腐…90克

鸡蛋…1个

豌豆粒、鹰嘴豆、南瓜、香菇…各50克

盐…1/4小勺

料酒…5毫升

高汤…5毫升

杏仁奶

甜杏仁…10克

脱脂牛奶…200毫升

猕猴桃…1个

营养说

食物中蛋白质的氨基酸模式与人体蛋白质的氨基酸模式越接近，就越容易被人体吸收利用，这类蛋白质也被称为优质蛋白质。富含优质蛋白质的食物包括鱼、肉、蛋、奶、大豆。

做法

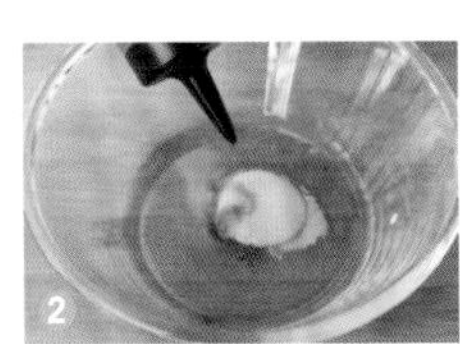

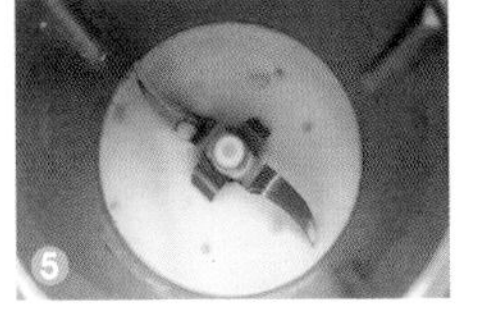

1 南瓜、香菇、豆腐切小块。

2 鸡蛋加盐、料酒、高汤和150毫升水打散。

3 虾去壳、去虾线。

4 将所有材料放入深盘中，淋蛋液。放入蒸锅，水开后蒸15分钟。

5 甜杏仁加水浸泡一晚，和脱脂牛奶一起用破壁机打成杏仁奶。

6 加热后过滤即可。

TIPS

鹰嘴豆可以换成玉米，或其他薯类。

营养说

很多人怕发胖，会减少吃红肉，这样会让身体缺少血红素铁。每天摄入50克的红肉还是很有必要的，只要尽量选择低脂的食材就可以。鸡胗是较好的低脂、补铁食材。

午餐

杂粮饭、双色鸡胗、芹菜胡萝卜炒木耳

孜然味很多人都喜欢，用健康的方式制作孜然鸡胗，再配上轻爽、健康又富含膳食纤维的清炒蔬菜，享受美味的同时，不用担心摄入过多胆固醇。

30分钟

433千卡

杂粮饭	216千卡
双色鸡胗	131千卡
芹菜胡萝卜炒木耳	86千卡

用料

杂粮饭

（见P22）…1份

双色鸡胗

鸡胗…100克

红、黄甜椒…各50克

大葱…20克

姜…5克

蒜…10克

山茶油…10毫升

五香粉…1/4小勺

料酒…10毫升

胡椒粉…1/4小勺

生抽…15毫升

蚝油…10毫升

盐…1/4小勺

孜然粉…1/2小勺

芹菜胡萝卜炒木耳

芹菜…100克

木耳…20克

胡萝卜…50克

蒜片…10克

山茶油、生抽、蚝油、高汤…各10毫升

茉莉花茶…1杯

做法

1 鸡胗加料酒、胡椒粉、生抽、蚝油和盐，腌制15分钟。

2 红、黄甜椒切小块，大葱切段、蒜切片、姜切丝。

3 锅中放入山茶油，加入葱、姜、蒜和五香粉炒香。

4 加入鸡胗翻炒，加孜然粉调味。

5 鸡胗变色后加入甜椒翻炒均匀。

6 芹菜斜切段、胡萝卜切片，木耳加水泡发。锅中放入山茶油，炒香蒜片后加入胡萝卜炒软，加入芹菜翻炒。

7 倒入100毫升水，加入木耳翻炒，加生抽、蚝油、高汤调味，收汁。

8 杂粮饭用微波炉中高火加热1分钟，用保鲜膜包好，塑形成三角形。剪一块海苔（材料外）贴在三角形底边。搭配茉莉花茶。

TIPS

木耳泡发小技巧：木耳加适量白糖和温水，放在保鲜盒里，不停摇晃 1 分钟左右；也可以加水后放入微波炉，高火转 3 分钟。

菜花牛肉派

菜花打成小粒后的口感跟米饭相似，这一特点着实让它火了一把，从健身达人到明星的餐桌，无不出现它的身影。这次用它制作的菜花牛肉派，灵感源于牧羊人派，用菜花代替土豆，味道棒棒的。

35分钟

244千卡

营养说

菜花中含有丰富的类黄酮，可以防止感染，阻止胆固醇氧化，防止血小板凝结成块，从而减少患心脏病和脑卒中的风险。

用料

菜花…200克
牛肉馅…100克
洋葱…100克
胡萝卜…50克
豌豆粒…50克
番茄酱…15克
蒜…2瓣
百里香…2克
高汤…15毫升
料酒…10毫升
盐…1/2小勺
黑胡椒碎…1/4小勺
橄榄油…15毫升

做法

1 洋葱、胡萝卜切小丁，蒜切末备用。

2 菜花分成小朵，放入料理机中打碎。

3 菜花焯水、断生，捞出沥干水分后加入5毫升橄榄油、1/4小勺盐和黑胡椒碎拌匀。

4 锅中倒入10毫升橄榄油，加入洋葱丁、胡萝卜丁炒软。

5 加入牛肉馅翻炒熟。

6 加入番茄酱、蒜末、百里香炒香后放入高汤、料酒和1/4小勺盐。

7 加入豌豆粒炒至收汁。

8 将炒好的牛肉盛盘。

9 放入菜花，烤箱210℃烤制20分钟即可。

TIPS

1 菜花也可以用刀切碎。

2 百里香可以用其他香料代替，不加也可以。

3 牛肉馅尽量炒至没有水分，避免烤制时液体过多。

加餐

杏仁豆腐

一道经典的小吃，平时喝杏仁奶时留一部分做杏仁豆腐，生活一下子变得有趣起来。

20分钟

119千卡

营养说

杏仁中的蛋白质含量较高，且富含维生素C、维生素E及黄酮类和多酚类成分，油脂也很丰富，其中单不饱和脂肪酸含量较高，还含有大量膳食纤维。

用料

杏仁奶…200毫升

吉利丁片…10克

糖桂花…10毫升

做法

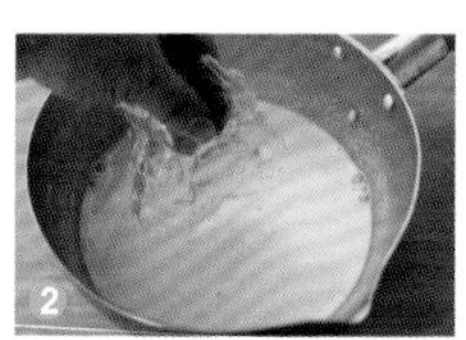

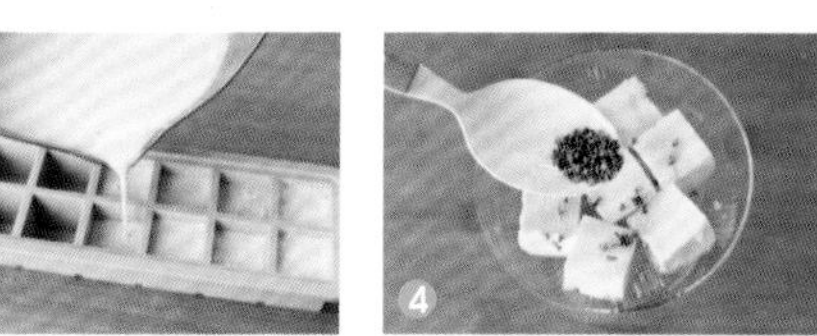

1 杏仁奶加热至约60℃，锅边微微泛起小泡。

2 放入用冷水泡软的吉利丁片，搅拌均匀。

3 倒入模具中，冷藏2小时。

4 取出后放入杯中，淋上糖桂花即可。

TIPS

1 杏仁有微毒，需浸泡后制作，食用前也需煮沸，且每次食量不可过多。

2 没有模具，可以直接倒在方形盒子中，取出切块即可。

第2天

早餐

全麦红豆糕、烤千层、番茄草莓饮

在饮用水中加入适量水果、蔬菜和香草，可以让普通的水变得好喝又有趣。

35分钟

583千卡

全麦红豆糕	418千卡
烤千层	149千卡
番茄草莓饮	16千卡

营养说

健康饮水推荐白开水、矿泉水、茶、无糖咖啡等。偶尔可选择零卡茶饮料、代糖零卡气泡水等。

用料

全麦红豆糕

香蕉…2根

鸡蛋…1个

罗汉果代糖…15克

香草精…5滴

椰子油…15毫升

酸奶…50克

全麦粉…50克

苏打粉…1/4小勺

泡打粉…1/2小勺

盐…1/4小勺

红豆馅…30克

烤千层

猪里脊肉…50克

口蘑…100克

胡萝卜…50克

圆白菜…50克

生抽…10毫升

料酒…10毫升

盐…1/2小勺

黑胡椒粉…1/4小勺

玉米淀粉…3克

葱段…10克

姜片…5克

番茄草莓饮

番茄…40克

草莓…10克

橙子…15克

迷迭香…1枝

纯净水…300毫升

做法

1 猪里脊肉切片，放生抽、料酒、盐、黑胡椒粉、玉米淀粉、葱段和姜片腌制15分钟。口蘑、胡萝卜切片，圆白菜切成宽约5厘米的块。

2 香蕉留几片装饰用，其余的压成泥，加入打散的鸡蛋液、罗汉果代糖、香草精、椰子油和酸奶拌匀。加入全麦粉、苏打粉、泡打粉、盐，拌成糊。模具中倒入一层面糊，铺上红豆馅，再倒一层面糊，用香蕉片装饰。

3 在盘中依次摆上腌好的猪里脊肉、口蘑片、胡萝卜片和圆白菜，摆成圆形，和蛋糕糊一起放入烤箱中，200℃烤制20分钟。

4 番茄切片，草莓切小块，橙子去皮、切片，倒入纯净水，用迷迭香装饰。

午餐

杂粮饭、杂烩蔬菜、甜椒猪肝

想要身材苗条、面色红润，就要适当摄入铁元素。补铁效果较好的食物有动物瘦肉、动物血及动物肝脏。

营养说

猪肝中含有较丰富的铁，甜椒富含维生素C，有促进铁吸收的功效。猪肝中含有较高的胆固醇，而洋葱有辅助降低胆固醇的作用，它们之间相互作用，更有利于营养物质的吸收。

35分钟

493千卡

杂粮饭	216千卡
杂烩蔬菜	127千卡
甜椒猪肝	150千卡

用料

杂粮饭（见P22）…1份

杂烩蔬菜

西葫芦…100克

圆白菜…100克

番茄…150克

口蘑…50克

洋葱…100克

蒜…2瓣

橄榄油…5毫升

番茄酱…15克

高汤…10毫升

盐…1/4小勺

甜椒猪肝

猪肝…75克

洋葱…100克

甜椒…60克

姜…5克

蒜…3瓣

山茶油…10毫升

生抽…15毫升

香醋…10毫升

料酒…15毫升

罗汉果代糖…3克

盐…1/2小勺

淀粉…3克

柠檬桂花茶…1杯

做法

1 西葫芦切滚刀块、圆白菜切块、番茄切大块、口蘑切片、洋葱切小丁、蒜切末。

2 锅中喷橄榄油，加入蒜末和洋葱炒香，加入番茄炒出汁。

3 加入西葫芦、口蘑、圆白菜炒软后加番茄酱、盐、高汤调味，炖煮5~8分钟。

4 猪肝用清水反复冲洗后切5毫米左右厚的片，浸泡半小时。

5 洋葱切小丁、蒜切末、姜切丝、甜椒切丝。将生抽、香醋、料酒、罗汉果代糖、盐放入小碗中拌匀。淀粉加50毫升水调成水淀粉。

6 锅中加水烧开，放入猪肝后立即关火，闷3分钟后捞出，沥干备用。

7 锅中放入山茶油，加入姜、蒜和洋葱丁炒香，倒入调料汁继续翻炒。

8 加入猪肝翻炒，加入甜椒丝翻炒均匀后用水淀粉勾芡。杂粮饭用微波炉高火加热1分钟。搭配柠檬桂花茶。

TIPS

1 焖煮猪肝时水要足量，放入猪肝后立即关火，用余温把猪肝闷熟。炒时注意时间，炒熟即可。

2 猪肝胆固醇含量较高，切忌过量食用，每次食用两三片，每月食用两三次就够了。

晚餐

蒜蓉蛏子蒸娃娃菜魔芋丝

蒜蓉粉丝蒸娃娃菜是全家人都爱的一道美味，尤其是下面的粉丝，每次吃完都意犹未尽，要说唯一不足的地方，那就是粉丝的热量有些高。那就把它换成魔芋丝吧，这下可以放心吃啦。

25分钟

205千卡

营养说

蛏子的热量很低，铁含量特别高，特别适合需要补铁的人群食用，是性价比非常高的海产品。

用料

娃娃菜…200克	干豆腐丝…50克	小米辣…10克	蚝油…10毫升
蛏子…100克	蒜…2瓣	山茶油…10毫升	高汤…10毫升
魔芋丝…130克	小葱…15克	蒸鱼豉油…15毫升	清水…50毫升

做法

1 蛏子用刷子洗净外壳。

2 娃娃菜切成8份，蒜切末，小米辣切段，小葱切葱花。

3 将蒸鱼豉油、蚝油、高汤、清水拌成调料汁。

4 锅里放入山茶油，加入蒜末炒至微微泛黄，加入调料汁煮开。

5 在盘中摆上干豆腐丝，上面铺魔芋丝。

6 放上娃娃菜和蛏子肉，淋调料汁。

7 蒸锅加水烧开，将盘子放入蒸锅蒸15分钟。

8 出锅后在表面撒葱花和小米辣。

TIPS

1 如果不能吃辣，可以用红甜椒代替小米辣。

2 娃娃菜大小影响蒸制时间，时间长了海鲜口感会太硬，中等大小即可。

3 炒蒜末时要注意火候，火太大容易焦，表面微微变黄即可加其他调料。

荷包蛋木瓜酸奶冻

网红美食荷包蛋慕斯，用酸奶来制作，更加低脂、健康。

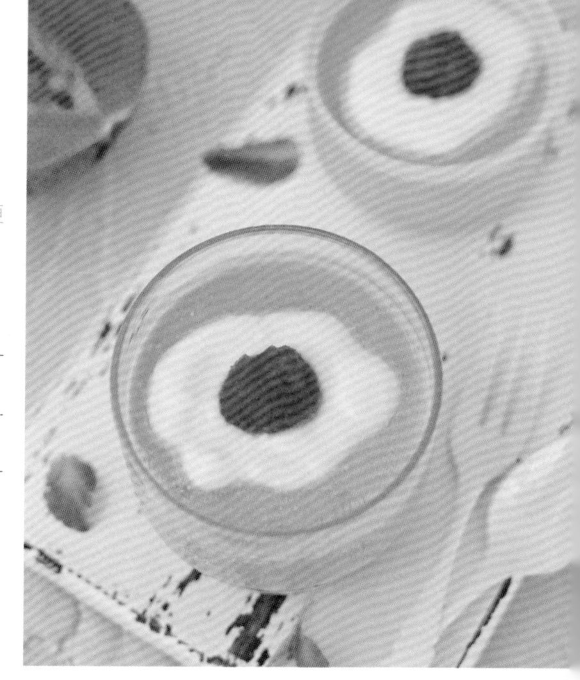

20分钟

114千卡

营养说

奶制品低热量、高营养、高饱腹感的特性，适合作为加餐。

用料

木瓜…200克

酸奶…200克

牛奶…50毫升

吉利丁片…10克

做法

1 吉利丁片用冷水泡软。

2 木瓜去籽、切块后打成泥。木瓜泥留出10克，酸奶留出30克备用。

3 将牛奶加热至60℃左右，锅边微微泛起小泡后关火。

4 牛奶放至温热后放入泡软的吉利丁片，搅拌均匀。

5 将木瓜泥、酸奶和牛奶吉利丁液混合，倒入布丁杯中，冷藏一两个小时。

6 取出后淋酸奶，在中间放木瓜泥即可。

TIPS

木瓜可以换成其他水果，做成可爱的形状。

第3天

早餐

南瓜豆沙包、香菇龙利鱼、蔬菜蒸蛋

鸡蛋、龙利鱼和虾能带来优质蛋白，又是一份健康美味、有温度的早餐。

30分钟

563千卡

南瓜豆沙包	363千卡
香菇龙利鱼	109千卡
蔬菜蒸蛋	91千卡

营养说

龙利鱼高蛋白、低脂肪，且含有对大脑神经及眼睛有益的DHA。尽量选用蒸煮方式。

用料

南瓜豆沙包（见P22）…1份

香菇龙利鱼

龙利鱼…100克
香菇…50克
葱花…5克
小米辣…3克
蒸鱼豉油…15毫升
料酒…10毫升
盐…1/4小勺

蔬菜蒸蛋

鸡蛋…1个
豌豆粒、胡萝卜粒、虾…各10克
香菇片…5克
料酒、高汤汁、蒸鱼豉油…各5毫升

做法

1 南瓜豆沙包提前一晚解冻并二次发酵，早上室温下再次发酵20分钟，在上面刷一层水，撒白芝麻（材料外）。

2 香菇切片、小米辣切小段，虾去壳、去虾线。龙利鱼用厨房用纸吸干水分，斜切成厚片，和虾一起摆在盘中，放上香菇片，淋蒸鱼豉油、料酒和盐调成的酱汁。

3 鸡蛋加料酒打散。加入高汤汁和100毫升水，搅匀后过筛。放入豌豆粒、胡萝卜粒、香菇片。

4 锅中加水烧开，将南瓜豆沙包、香菇鱼片、鸡蛋羹蒸15分钟，撒葱花和小米辣，闷2分钟。把虾放在蛋羹上，淋蒸鱼豉油。

TIPS

如果室温较低，可以将南瓜豆沙包放到烤箱里，放两碗热水发酵。

午餐

烤贝贝南瓜、鸡肉卷、烤菌菇

打开烤箱，扑鼻的香味会让你想要立刻享用这顿丰盛的午餐。鸡胸肉中的高蛋白，蘑菇和蔬菜中的维生素和膳食纤维，再加上低碳、高饱腹的南瓜，会让你整个下午都能量满满。

35分钟

472千卡

烤贝贝南瓜	182千卡
鸡肉卷	226千卡
烤菌菇	64千卡

用料

烤贝贝南瓜

贝贝南瓜…200克

橄榄油…3毫升

盐…1/4小勺

黑胡椒碎…1/4小勺

鸡肉卷

鸡胸肉…150克

香菇、胡萝卜、洋葱…各50克

橄榄油…5毫升

盐…1/4小勺

蚝油…5毫升

黑胡椒碎…1/4小勺

烤菌菇

金针菇、口蘑、香菇、海鲜菇…各50克

生抽、蚝油、山茶油…各10毫升

孜然粉…3克

辣椒粉…3克

罗汉果代糖、白芝麻、鸡粉…各5克

蒜末…15克

黄瓜水…1杯

营养说

南瓜中的类胡萝卜素和膳食纤维很丰富，饱腹感强，可以偶尔代替主食，但不建议长期以它为主，而不吃其他主食。

做法

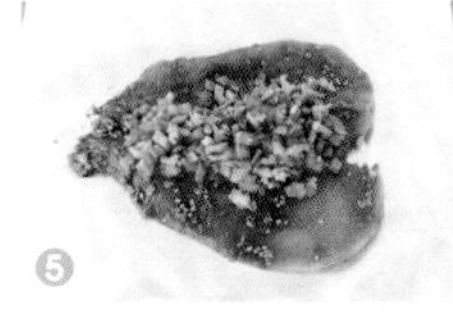
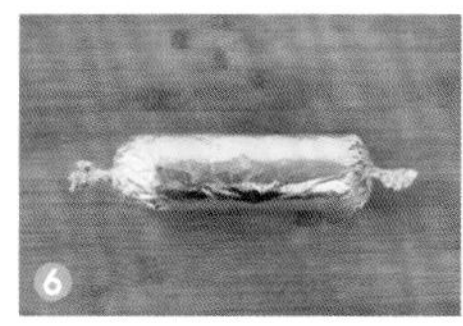

1 贝贝南瓜洗净、去瓤、切小瓣，撒盐和黑胡椒碎拌匀，喷上橄榄油。

2 将烤菌菇的所有调料拌匀，做成烧烤酱汁。

3 鸡胸肉从中间片开，不要切断，用2勺烧烤酱汁腌制。

4 香菇、胡萝卜、洋葱切小丁。锅中喷橄榄油，放入香菇、胡萝卜、洋葱丁炒软，加盐、蚝油、黑胡椒碎调味后出锅。

5 用腌好的鸡胸肉包上炒好的蔬菜，沿着一边卷起来。

6 用锡纸包好鸡肉卷。

7 口蘑、香菇切片，金针菇、海鲜菇去根。放在烤盘里，刷上烧烤酱汁。

8 将贝贝南瓜和鸡肉卷放入烤盘，200℃烤制20分钟。搭配黄瓜水。

TIPS

1 烧烤酱汁可搭配其他烤蔬菜、豆腐、肉类。

2 鸡肉卷可以烤好后打开锡纸，再烤5分钟上色。

牛肉花环晚餐

看到这五彩的花环，一天的疲惫会立刻烟消云散。坐下来，静静品尝这份营养低脂的晚餐吧。

25分钟

269千卡

营养说

晚餐摄入的营养素一般占全天的30%~40%，如果不吃晚餐，像蛋白质等营养素就会供应不足，会导致肌肉量减少，在体重相同的情况下，体脂率会比以前更高。

用料

瘦牛肉…100克　西蓝花…50克　山茶籽油…10毫升　苹果醋…30毫升

甜椒…50克　海鲜菇…50克　清酒…20毫升　盐…1/4小勺

胡萝卜…50克　山药…150克　意大利综合香料…1小勺　黑胡椒碎…1/2小勺

洋葱…50克　蒜…2瓣　高汤…15毫升　罗汉果代糖…1/2大勺

做法

1 牛肉切2厘米见方的块，蒜切末、洋葱切丝、西蓝花切小朵、海鲜菇切段、甜椒和胡萝卜切小丁，山药去皮、切段。

2 锅中倒入山茶籽油，加入牛肉块，中火煎至两面金黄。

3 加入蒜末、洋葱丝炒香，倒入清酒翻炒30秒。

4 加入西蓝花、海鲜菇、胡萝卜和山药炒匀。

5 加入意大利综合香料、高汤和盐调味。

6 加入甜椒，放苹果醋、罗汉果代糖和黑胡椒碎拌匀即可。

TIPS

1 清酒可用白酒、白兰地代替。

2 意大利综合香料可以用家里有的香料代替，如百里香、欧芹、迷迭香、干牛至等。

绿豆抹茶雪糕

加餐

绿豆雪糕，小时候的味道，加了抹茶，又增加一份迷人的茶香。

25分钟

80 千卡/个

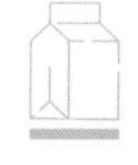

营养说

市售雪糕里含有大量糖、油和添加剂，少数含奶的雪糕热量惊人。相比之下，自制雪糕只用普通的食材和牛奶制作，解馋又健康。

用料（80毫升模具，6个）

去皮绿豆…100克

山药…20克

糯米粉…10克

奶粉…30克

抹茶粉…2克

罗汉果代糖…40克

盐…1/4小勺

牛奶…200毫升

做法

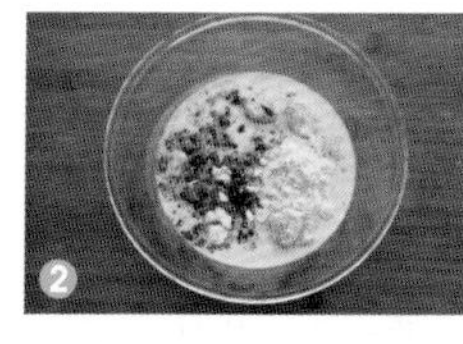

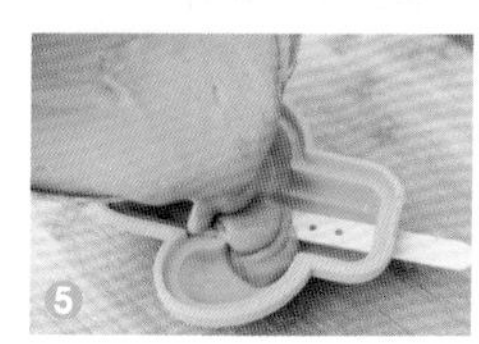

1 去皮绿豆洗净后浸泡一晚，与去皮的山药一起放入电饭锅，加400毫升水煮熟。

2 糯米粉、奶粉、抹茶粉、罗汉果代糖、盐、牛奶混合均匀。

3 将煮好的绿豆和山药沥干水分，和牛奶液一起放入搅拌机。

4 搅打成细腻的绿豆奶糊，取出后放在不粘锅中，中火加热。

5 煮至浓稠后关火，倒入雪糕模具中。

6 轻轻振一下模具，把气泡振出来。放入冰箱冷冻5个小时以上。

TIPS

1 常温下浸泡绿豆，如果室温高，需 4 小时换一次水。

2 抹茶可先用少许牛奶化开，再与其他材料混合。

3 浓稠的状态就是提起刮刀时，液体缓慢滴落。

第4天

早餐

南瓜香肠卷、芝麻酱拌秋葵、红豆牛奶

清爽的凉拌菜能打开早晨刚苏醒的味蕾。秋葵有很好的胃肠保健作用，能促进胃液分泌，提高食欲，特别适合在早餐时食用。

20分钟

588千卡

南瓜香肠卷	345千卡
芝麻酱拌秋葵	78千卡
红豆牛奶	153千卡
草莓	12千卡

用料

南瓜香肠卷

（见P22）…1份

芝麻酱拌秋葵

秋葵…150克

焙煎芝麻酱…10克

红豆牛奶

红豆沙…30克

牛奶…200毫升

草莓…40克

营养说

秋葵中含有丰富的黏性液质、阿拉伯聚糖、蛋白质等，有减缓糖分吸收、抑制胆固醇吸收、改善血脂的作用。

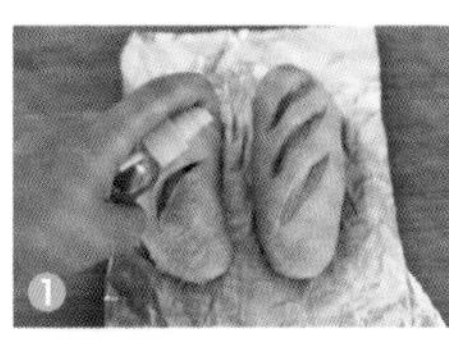

做法

1 南瓜香肠卷提前一晚放入冷藏室二次发酵，早上室温下继续发酵20分钟。在表面喷一层水，放入烤箱175℃烤制15分钟。

2 秋葵切掉根部，入沸水焯1分钟。

3 取出后对半切开，淋焙煎芝麻酱。

4 红豆沙和牛奶放入搅拌机中，搅打成红豆牛奶。搭配草莓。

TIPS

1 秋葵根部不要切得过多，防止焯水时漏液。

2 焙煎芝麻酱可用其他低脂酱料代替。

TASCHEN
Bibliotheca Universalis

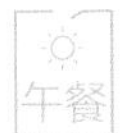

杂粮饭、酱焖红辣椒、柠香鸡腿

这道酱焖辣椒没有用油煎，减少了油脂的摄入，用烤箱把辣椒烤软，再跟豆瓣酱一起炖煮入味，味道一样好吃。

35分钟

458千卡

杂粮饭	216千卡
酱焖红辣椒	85千卡
柠香鸡腿	157千卡

用料

杂粮饭（见P22）…1份

酱焖红辣椒

红辣椒…200克

豌豆粒…50克

豆瓣酱…15克

柠香鸡腿

琵琶腿…2个

蒜…2瓣

迷迭香…2枝

柠檬汁…3大勺

生抽…10毫升

盐…1/2小勺

黑胡椒…1/2小勺

柠檬水…1杯

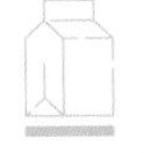

营养说

辣椒中的辣椒素会促进血液循环，增加身体散热，提高能量代谢，有利于降低体重。但若加入过多油脂、调味品，食欲变旺盛了，就会多吃饭，结果可能导致增肥。

做法

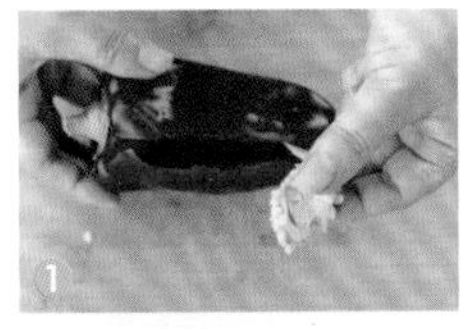

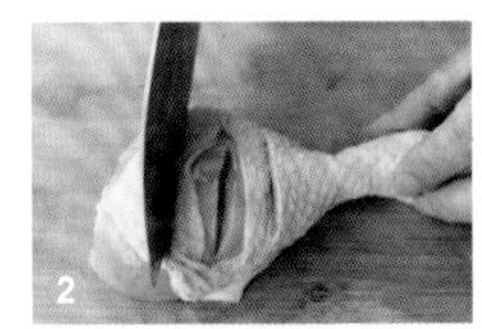

1 蒜切片、迷迭香切碎，红辣椒去籽。

2 琵琶腿两面都用刀划3道，将所有调料和鸡腿一起放到保鲜袋里，腌制入味。

3 腌好的鸡腿和红辣椒一起放入烤箱，200℃烤25分钟。烤到10分钟时鸡腿翻面，取出红辣椒。

4 锅里放豆瓣酱，加入100毫升水。

5 放入烤好的红辣椒和豌豆粒，煮5分钟后收汁，放至温热后装入便当盒。

6 杂粮米饭用微波炉加热，铺在便当盒底，摆上烤好的鸡腿。搭配柠檬水。

TIPS

1 迷迭香可以用新鲜的叶子，也可以用干调料。可以用欧芹或其他香草代替。

2 鸡腿没有去皮，在烤制时可以保护里面的肉不干，吃的时候去掉就可以。

韩式拌魔芋面

晚餐

水煮清菜加凉拌的方式，让这份韩式拌面更加清爽，夏季没什么胃口时吃上这样一碗五颜六色、高饱腹、低热量的晚餐，心情也会跟着好起来！

25分钟

211千卡

营养说

主食混合蔬菜做成菜饭，饱腹感很强，并且消化速度会减慢，可以延缓血糖上升的速度，是值得推荐的饮食方式。

用料

魔芋丝…130克	黄豆芽…50克	山茶油…3克	白芝麻…5克
辣白菜…30克	菠菜…80克	韩式辣酱…10克	凉开水…20毫升
黄瓜…30克	土豆…50克	芝麻油…5毫升	
胡萝卜…30克	鸡蛋…1个	生抽…10毫升	
香菇…50克	盐…2克	罗汉果代糖…3克	

做法

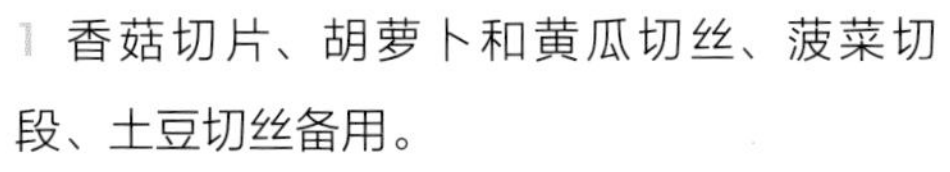

1 香菇切片、胡萝卜和黄瓜切丝、菠菜切段、土豆切丝备用。

2 锅中倒水烧开，加入魔芋丝，水再度沸腾后关火，捞出魔芋丝沥干。

3 锅中加盐，加入香菇片、胡萝卜丝、菠菜段、土豆丝和黄豆芽焯至断生，捞出沥干。

4 在小碗中放入所有调料，加水搅匀。

5 碗中先放入魔芋丝，再放入其他焯好的蔬菜、黄瓜和辣白菜。

6 平底锅中喷山茶油，煎鸡蛋。将鸡蛋放在魔芋丝中间，吃时淋酱汁即可。

TIPS

可以加入其他叶类蔬菜。

红豆羊羹

跟老婆饼里没有老婆、夫妻肺片里没有夫妻一样，这道红豆羊羹里也没有羊！

20分钟

34千卡/块

营养说

食品凝固材料有吉利丁、寒天粉和白凉粉。吉利丁是从牛骨或鱼骨中提取，主要成分是动物蛋白；寒天粉是从石花菜中提取，主要成分是可溶性膳食纤维；白凉粉多由魔芋粉、卡拉胶和葡萄糖等制成，主要成分是葡萄糖和可溶性膳食纤维。

用料（共13块）

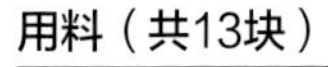

红豆沙…180克

罗汉果代糖…20克

寒天粉…2克

盐…1/4小勺

水…220毫升

做法

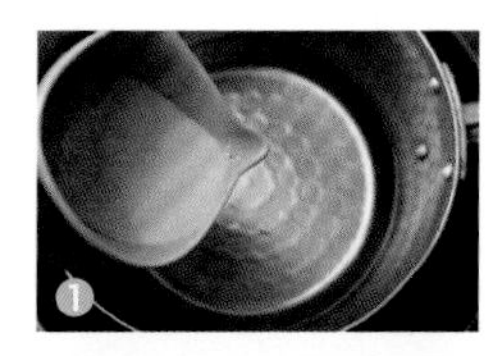

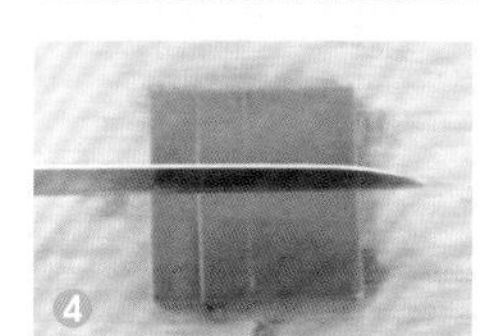

1 锅中加水，冷水加入寒天粉、盐、罗汉果代糖混合物，搅拌均匀。

2 煮至沸腾后加入红豆沙，边煮边搅拌至红豆沙完全溶入水中。

3 关火，过滤。待红豆沙液降至50℃时，盖好盖子，放入冰箱冷藏、凝固半个小时。

4 取出后倒扣在案板上，切成小块。

TIPS

1 先把寒天粉、盐和罗汉果代糖混合，可以防止结块。寒天粉不可用吉利丁、白凉粉代替。

2 自制红豆沙不甜，可适当加入罗汉果代糖调味，如购买市售红豆沙，里面的含糖量足够，不必额外加糖。

3 寒天粉的凝固温度在 38℃，放至 50℃时即可倒入模具，注意掌握温度，避免羊羹还未倒入模具就凝固了。

第5天

香芋燕麦粥、北非蛋、缤纷莓果

北非蛋是中东地区的特色美食，因为食材丰富，口感特别而广为流传。

25分钟

531千卡

香芋燕麦粥	338千卡
北非蛋	104千卡
缤纷莓果	89千卡

营养说

莓果富含维生素C和丰富的抗氧化物质。果实中多包含种子，其中含有大量膳食纤维。

用料

香芋燕麦粥

燕麦片…40克

脱脂奶粉…30克

红豆沙…30克

香芋…50克

北非蛋

洋葱…30克

香菇…30克

甜椒…30克

番茄…50克

蒜…1瓣

香菜…5克

小葱…5克

鸡蛋…1个

孜然粉…1/2小勺

辣椒粉…1/8小勺

盐…1/4小勺

黑胡椒粉…1/4小勺

橄榄油…5毫升

缤纷莓果

蓝莓…50克

草莓…100克

红莓…30克

黑莓…30克

做法

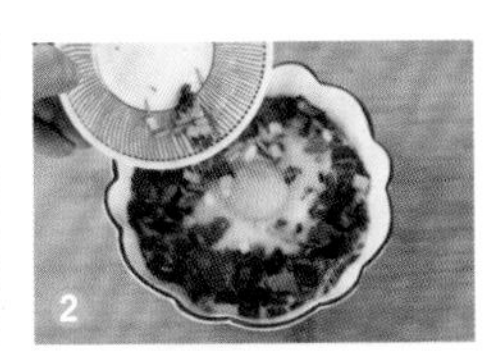

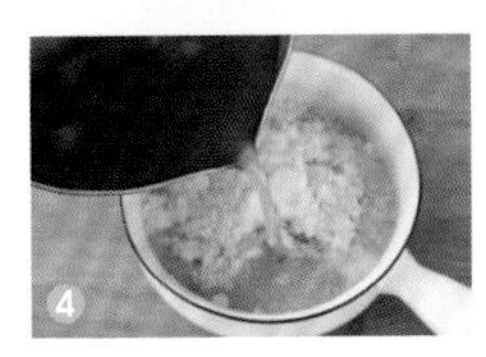

1 香芋切小块，洋葱、甜椒、香菇、番茄切小丁，蒜切片、香菜切末、小葱切葱花。锅中喷上橄榄油，加入洋葱和甜椒炒软。加入香菇、番茄、蒜片翻炒，加孜然粉、辣椒粉、盐、黑胡椒粉调味。

2 所有食材炒软后盛到烤碗里，中间留出个圆圈，打入鸡蛋，放入烤箱中，180℃烤10分钟。烤好后撒上香菜末和葱花。

3 锅中加400毫升水，放入香芋块，中小火煮5分钟。加入红豆沙，搅拌均匀。

4 碗中放入燕麦片和脱脂奶粉，倒入煮好的香芋红豆汤，闷3分钟，装饰缤纷莓果。

TIPS

1 北非蛋中的蔬菜可以随意替换。也可以在平底锅中将蛋焖熟，放入烤箱是为了节省时间。

2 香芋可以换成红薯、紫薯、山药等。

减脂波奇饭

波奇饭一词来源于夏威夷语Poké Bowl，是将新鲜刺身切块，加上丰富的配料和自制酱料，搭配白米饭做成的，因种类丰富、色彩鲜艳而风靡一时，备受时尚和健身人群喜爱。

25分钟

558千卡

营养说

波奇饭的这种荤素搭配吃法特别符合健康轻食的理念，简单的公式可以让你天天吃到不一样的网红波奇饭。

主食（糙米、藜麦、玉米等各种杂粮饭，紫薯、芋头等薯类）

蛋白质（鸡蛋、鸡胸肉、牛肉、鱼类等）

水果（牛油果、圣女果、芒果、西柚、橙子等）

蔬菜（多色选择，绿叶菜、橙黄色甜椒、胡萝卜、豆芽等）

坚果（芝麻、腰果、松子、杏仁等）

调料汁（油醋汁、芥末酱、焙煎芝麻酱等）

用料

杂粮饭（见P22）…1份

水浸金枪鱼…50克

牛油果…80克

玉米粒…50克

秋葵…50克

蟹柳…50克

胡萝卜…50克

圣女果…30克

低脂芥末酱…20克

黑、白芝麻…5克

柠檬薄荷水…1杯

做法

1 胡萝卜切细丝、圣女果对半切开、蟹柳撕成丝，秋葵焯水后切成段。

2 杂粮饭用微波炉高火加热1分钟，放在碗底。

3 牛油果去核，用勺子取出果肉，切薄片，卷成花。

4 在杂粮饭中间摆上牛油果花。

5 周围依次放上玉米粒、秋葵、蟹柳、胡萝卜、圣女果、金枪鱼。

6 上面撒上芝麻，淋上低脂芥末酱，拌匀即可。搭配柠檬薄荷水。

TIPS

1 牛油果要尽量切得薄一些，方便卷花。

2 蔬菜可以更换成自己喜欢的品种。

鲜虾海带豆腐魔芋丝

虾的鲜甜加上海带的咸香、豆腐的软糯，让这道汤面吃起来特别鲜美。富含的钙、镁、B族维生素，对睡眠健康非常有益。

营养说

睡眠不足会影响对体重的控制，一方面，晚睡会导致饥饿素上升，让人产生饥饿感，导致饮食过量；另一方面，睡眠不足会影响第二天的精神状态，减少活动和运动。还有研究表明，缺钙可能导致深睡眠不足或缺失，缺镁会引起睡眠障碍，维生素B_1缺乏会引起情绪沮丧，维生素B_6缺乏时容易发生焦虑和失眠。

30分钟

365千卡

用料

虾…100克	蒜…2瓣	水…500毫升	盐…1/2小勺
北豆腐…150克	姜…3片	魔芋丝…130克	水淀粉…5毫升
海带…200克	小葱…2根	山茶油…10毫升	

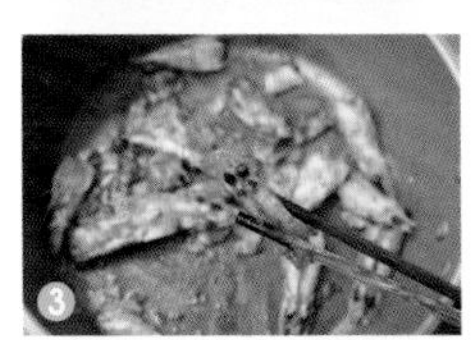

做法

1 海带、北豆腐切小块，小葱、姜切碎末，蒜切片备用。

2 虾去头、去皮、去虾线，虾头备用。

3 锅中放油，加入葱、姜、蒜炒香后放入虾头煸炒出虾油，取出。

4 锅中加水，放入海带。

5 海带炖至软烂后放入豆腐和魔芋丝，加盐调味。

6 再次沸腾后放入虾肉，待虾肉稍变色后加入水淀粉，出锅前撒葱花。

1 虾头中除了鳃部口感不好以外，其他部位均可食用。

2 如用干海带，可以上蒸锅蒸20分钟，热水浸泡后使用。

加餐

话梅圣女果

这道小吃口感酸酸甜甜，还有话梅带来的特殊风味，做法超级简单。

25分钟

111千卡

营养说

圣女果中的维生素C含量很高，而且在有机酸的保护下，会减少加工过程中的营养损失。它的烟酸含量也较高，烟酸在人体内转化为烟酰胺，可以参与脂质代谢。

用料

圣女果…250克

九制话梅…8颗

罗汉果代糖…10克

柠檬…2片

做法

1 圣女果洗净、去蒂后放入大碗中。

2 将一壶开水直接浇到圣女果上，盖上盖子闷2分钟。

3 开盖后去皮。

4 锅中放入500毫升水，加入九制话梅、罗汉果代糖，煮开后放凉。

5 将话梅水和圣女果一起倒入瓶子中，加入柠檬片。

6 冰箱放置一晚即可。

TIPS

1 圣女果烫过后很容易去皮，不用煮，也不用刀割。

2 容器可以是密封罐、保鲜盒等。

第6天

早餐

南瓜全麦法式煎饼、草莓无糖酸奶

法式煎饼是在煎好的饼上面放炒蔬菜，中间再打上鸡蛋，小火把蛋焖熟。

30分钟

599千卡

南瓜全麦法式煎饼	491千卡
草莓无糖酸奶	108千卡

用料

南瓜全麦法式煎饼

南瓜全麦面团（见P22）…1份

玉米粒、芦笋、香菇、胡萝卜…各30克

鸡蛋…1个

洋葱…50克

鸡肉肠…1根

橄榄油…10毫升

盐…1/2小勺

黑胡椒粉…1/4小勺

草莓无糖酸奶

草莓…50克

无糖酸奶…250克

营养说

一款多种食材组成的快手早餐，营养全面。

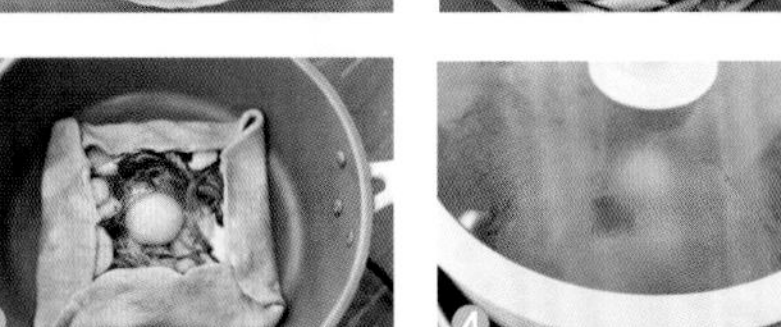

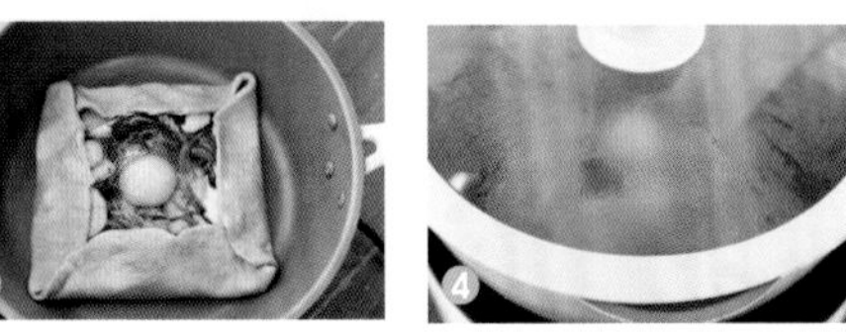

做法

1 南瓜全麦面团提前一晚放入冷藏室，二次发酵。芦笋切段、香菇切片、洋葱和胡萝卜切丝、鸡肉肠切片。

2 锅中倒入橄榄油，加入洋葱和鸡肉肠翻炒。洋葱炒软后，加入芦笋、胡萝卜、香菇翻炒，加盐和黑胡椒粉调味。

3 将南瓜全麦面团擀成圆饼。锅中喷上橄榄油，放入擀好的圆饼，上面放所有蔬菜。中间留一个坑，打上鸡蛋，把饼的四边向上折起。

4 小火，盖上盖子焖3分钟。草莓切成4瓣，放入酸奶中即可。

TIPS

无糖酸奶是自制的，也可直接购买。

咖喱土豆菜花盖浇饭

咖喱那浓郁的味道，能精准地传递到每个食材中去，不同香料组合在一起的那份厚重，一直是很多人的心头爱。

营养说

土豆的淀粉含量仅是同等重量大米的1/4，还含有一般谷类食物当中没有的胡萝卜素、维生素C等，营养更加全面。土豆的淀粉是一种抗性淀粉，会起到缓升血糖的作用。

35分钟

335千卡

用料

菜花…200克	土豆…200克	蒜…2瓣	生抽…15毫升
山茶油…5毫升	胡萝卜…100克	咖喱粉…5克	水…50毫升
盐…1/4小勺	洋葱…100克	低脂花生粉…5克	山茶油…5毫升
黑胡椒粉…1/8小勺	豌豆粒…50克	蚝油…15毫升	

做法

1 菜花用料理机打成碎粒。

2 锅中喷入山茶油，加入菜花粒翻炒3分钟，加盐、黑胡椒粉调味。

3 土豆、胡萝卜切滚刀块，洋葱切丝、蒜切片。

4 取一个小碗，将咖喱粉、低脂花生粉、蚝油、生抽和水调成料汁。

5 锅中喷入山茶油，加入蒜片和洋葱炒香。

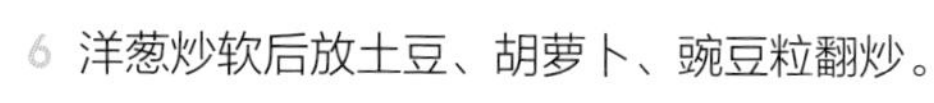

6 洋葱炒软后放土豆、胡萝卜、豌豆粒翻炒。

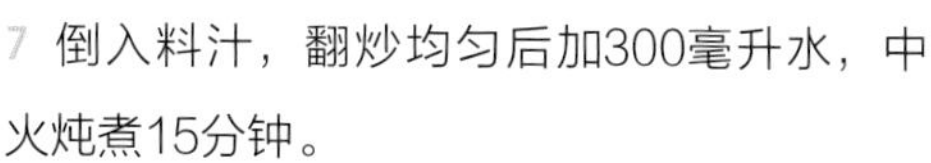

7 倒入料汁，翻炒均匀后加300毫升水，中火炖煮15分钟。

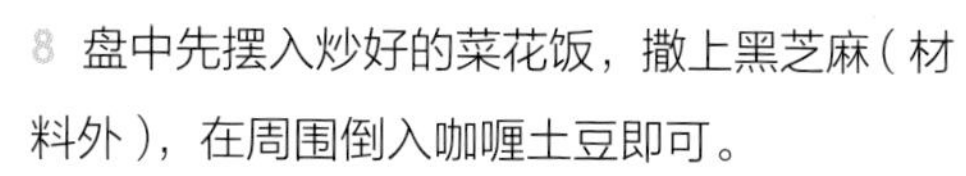

8 盘中先摆入炒好的菜花饭，撒上黑芝麻（材料外），在周围倒入咖喱土豆即可。

TIPS

1 菜花不要打得太碎，会影响口感。

2 咖喱土豆中可以加入蘑菇，口感更丰富。

加餐

咖喱牛肉干

市售的牛肉干中盐分较高，自己做就可以很好地解决这个问题。

3.5小时

75千卡/份

营养说

牛肉能提供优质蛋白，有助于增长肌肉和增强力量，且富含铁元素。

用料（共500克，10份）

牛肉…700克

咖喱粉…20克

蜂蜜…30克

蚝油…42毫升

玉米油…14毫升

老抽…7毫升

做法

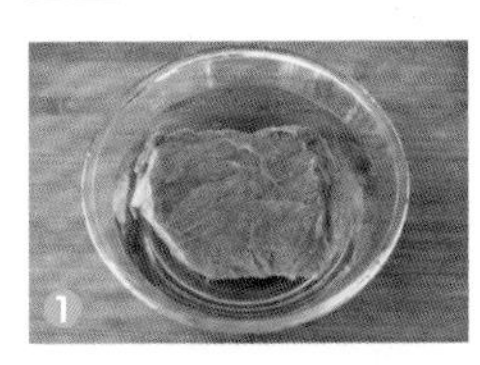
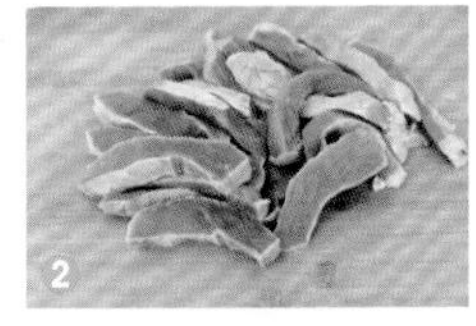

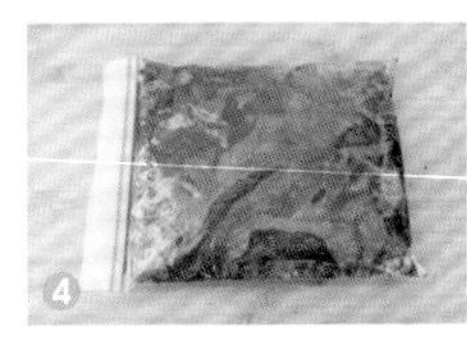

1 将牛肉用冷水浸泡1个小时。

2 将牛肉切成宽3厘米、长10厘米的条。

3 将牛肉条放入保鲜袋中，加入咖喱粉、蜂蜜、蚝油、玉米油、老抽调味。

4 用手反复揉搓入味，放入冰箱冷藏腌制12小时以上。

5 取出牛肉，放在铺好烘焙油纸的烤盘中，开启热风循环模式，120℃烤制30分钟。

6 烤至牛肉略干、肉质略熟后，再用80℃烤制3个小时，烤好后撒少许咖喱粉即可。

TIPS

1 玉米油可替换成山茶油、稻米油等。

2 牛肉条不要切得太细、太小，会导致成品太硬。

3 没有热风循环烤箱，可以将烤箱门开一条小缝，起到循环的作用。

第7天

早餐 香葱芝士包、蒜薹炒蛋

生蒜薹辣味很重，把它切成小细丁，跟鸡蛋一起炒，可以很好地改善这个问题。

25分钟

521千卡

香葱芝士包	287千卡
蒜薹炒蛋	135千卡
鸡肉肠	99千卡

用料

香葱芝士包

南瓜全麦面团（见P22）…1份

芝士…10克

香葱碎…5克

蒜薹炒蛋

鸡蛋…1个

蒜薹…100克

山茶油…10毫升

盐…1/2小勺

料酒…5毫升

黑胡椒碎…1/4小勺

鸡肉肠…2根

黑咖啡…1杯

营养说

蒜薹含有辣素，有预防流行性感冒的功效。外皮丰富的纤维素可以刺激肠道蠕动，预防便秘。

TIPS

蒜薹尽量切小一些，与鸡蛋一起煎更容易熟。

做法

1 南瓜全麦面团提前一晚放入冷藏室解冻并二次发酵，早上室温下再次发酵20分钟。在面团上割一道口，放入芝士和香葱碎。

2 将香葱芝士包和鸡肉肠一起放入175℃预热的烤箱，烤制15分钟。

3 鸡蛋加料酒打散，蒜薹切细丁后放入蛋液中拌匀，加盐调味。

4 锅中倒入山茶油，倒入蒜薹蛋液，稍凝固后用硅胶铲从一边向另一边推，反复几次，将蛋液煎熟。搭配黑咖啡。

营养说

土豆是主食，虾和鱿鱼提供优质蛋白，蔬菜和菌菇类提供维生素、矿物质和膳食纤维。

午餐

迷迭香烤土豆、香烤彩蔬串、海鲜蔬菜冻

周末做一份可爱的营养午餐，看着窗边的风景，享用健康的美味，体会生活的美好。

50分钟

345千卡

迷迭香烤土豆	121千卡
香烤彩蔬串	93千卡
海鲜蔬菜冻	131千卡

用料

迷迭香烤土豆

土豆…200克
迷迭香…3克
橄榄油…5毫升
柠檬汁…10毫升
蒜泥…10克
低脂芥末酱…5克
盐…1/4小勺
黑胡椒碎…1/4小勺

香烤彩蔬串

杏鲍菇…100克
胡萝卜…100克
甜椒…100克
盐…1/2小勺
橄榄油…5毫升
黑胡椒碎…1/4小勺

海鲜蔬菜冻

虾…50克
鱿鱼…50克
甜椒…20克
胡萝卜…20克
毛豆…20克
秋葵…20克
高汤…20毫升
水…200毫升
寒天粉…4克

做法

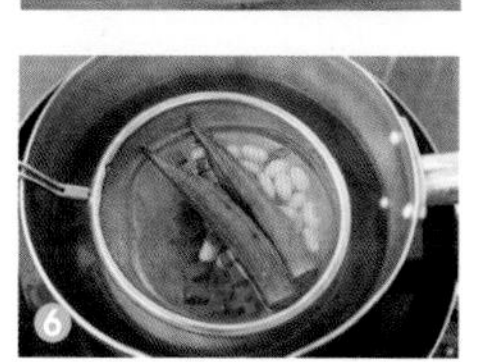

1 土豆去皮后切滚刀块，放入沸水中煮至五成熟。捞出沥干后加入剩余材料拌匀。

2 杏鲍菇、胡萝卜切滚刀块，甜椒切块。将杏鲍菇和胡萝卜放入大碗中，加盐、橄榄油、黑胡椒碎腌制5分钟。

3 将杏鲍菇、胡萝卜与甜椒块一起穿成串。

4 烤箱200℃预热，先放入土豆烤15分钟，再把彩蔬串放进去一起烤10分钟。

5 虾去皮、去虾线，鱿鱼切小块，放入沸水中煮熟，和胡萝卜、甜椒一起切成小丁。

6 锅中加水烧开，将毛豆、胡萝卜、秋葵煮熟后捞出沥干。

7 锅中加水、高汤、寒天粉，搅匀后煮沸。

8 将食材分别放入模具中。倒入寒天高汤汁，凉至40℃以下，冷藏10分钟。

TIPS

高汤烧开后要继续煮一两分钟，寒天粉才会化开并凝固。

晚餐

菠菜咸派

低脂派皮没用油，浓稠的酸奶赋予成品浓浓的奶香味，配上玉米粉，这份主食立刻轻盈了起来。每一口都是健康的味道。

45分钟

669千卡

用料

自制酸奶…90克
中筋面粉…80克
玉米粉…40克
酵母粉…2克
洋葱…100克
鸡肉肠…1根
菠菜…100克
盐…1/2小勺
黑胡椒粉…1/4小勺
橄榄油…5毫升
牛奶…100毫升
鸡蛋…2个
马苏里拉奶酪…10克

营养说

奶酪发酵的过程让富含的钙更容易被人体吸收。但它的热量略高，可以选择低脂奶酪。

做法

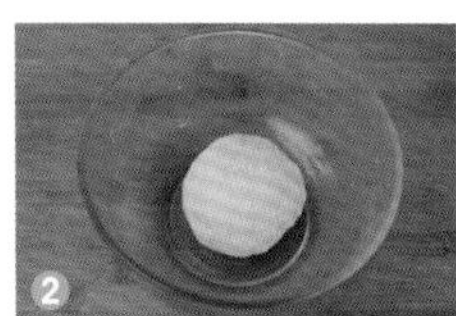

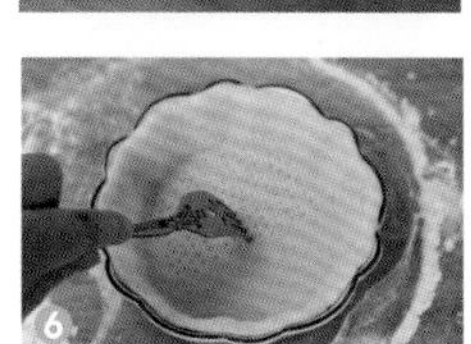

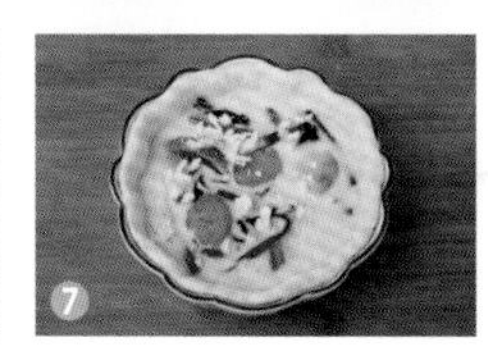

1 自制酸奶用筛网过滤成浓稠酸奶，放入酵母粉化开。

2 加入中筋面粉、玉米粉，和成面团，放温暖处发酵。

3 洋葱切细丝、鸡肉肠斜切成片。锅中放入橄榄油，加入洋葱和鸡肉肠翻炒，加盐、黑胡椒粉调味，放凉。

4 锅中倒入水，加盐，水开后加入菠菜焯烫1分钟，挤干水分，切成长5厘米的段。

5 量杯中打入鸡蛋，加入牛奶搅拌均匀。

6 将发酵好的面团取出，轻拍排气，擀成圆形。放入派盘中，贴合边缘整形，多余部分用擀面杖擀压去除。用叉子扎上小孔。

7 在派皮里放上炒好的洋葱、鸡肉肠、菠菜，倒入蛋奶液，撒上马苏里拉奶酪。

8 烤箱200℃预热，烤制25分钟即可。

TIPS

没有自制酸奶可以购买较为浓稠的希腊酸奶，热量会高一些。

海苔鹰嘴豆

鹰嘴豆这样烤特别香，还有板栗的香味，运动后补充、当小零食都非常合适。

25分钟

39千卡/份

营养说

鹰嘴豆富含蛋白质、膳食纤维、铁，可以做成鹰嘴豆泥、沙拉、鹰嘴豆奶食用，磨成粉后制作各种面食，更利于消化吸收。

用料（10份）

鹰嘴豆…20克
海苔…5克
白芝麻…10克
山茶油…10毫升
盐…3克

做法

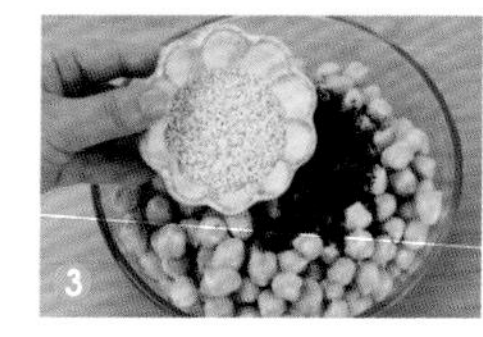

1 鹰嘴豆用清水浸泡12小时以上。

2 锅中倒入1000毫升水，加入浸泡好的鹰嘴豆，大火煮30分钟。

3 将煮熟的鹰嘴豆沥干，加入山茶油拌匀。撒上切碎的海苔、盐和白芝麻拌匀。

4 烤盘中铺上一层烘焙油纸，把鹰嘴豆平铺在上面，烤箱180℃预热，烤制50分钟，充分冷却后放入密封罐中保存。

TIPS

1 煮好的鹰嘴豆一定要沥干水分。
2 海苔可以用干磨机打碎。
3 烤箱温度略有差异，烤制 10 分钟后注意观察表面，避免过火。

第4周▸▸高纤维　第1天

蔓越莓发糕、鱼丸豆腐汤、蒜蒸金针菇

冷藏发酵太适合做早餐了，可以减少制作时间，又能吃上营养、美味的食物。

20分钟

611千卡

蔓越莓发糕	293千卡
鱼丸豆腐汤	201千卡
蒜蒸金针菇	117千卡

营养说

粗细搭配的主食，加上维生素、矿物质、蛋白质丰富的汤，辅以膳食纤维丰富的清蒸菜，营养均衡。

用料

蔓越莓发糕
玉米粉…20克
黄豆粉…20克
中筋面粉…20克
奶粉…10克
酵母粉…1克
蔓越莓干…5克
鸡蛋…1个

鱼丸豆腐汤
小白菜…150克
鱼丸…1份
豆腐…70克
虫草花…5克
盐…3克
鸡粉…3克
白胡椒粉…1克

蒜蒸金针菇
金针菇…150克
葱花…5克
红甜椒粒…10克
蒜…2瓣
稻米油…5克
蒸鱼豉油…15毫升

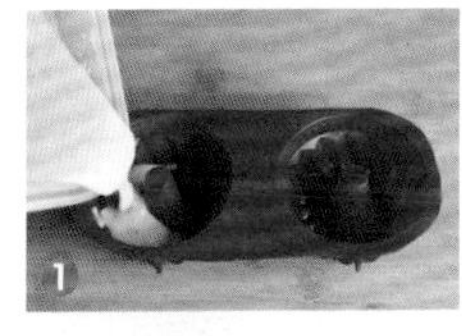

做法

1 提前将虫草花放冷藏室泡发。将玉米粉、黄豆粉、中筋面粉、奶粉、切碎的蔓越莓干、酵母粉放入保鲜盒里，搅成面糊，盖上盖子，冷藏发酵一晚。在发酵好的面糊中打入鸡蛋，搅拌均匀后倒入模具中。

2 小白菜切段、豆腐切块、金针菇去根、蒜切末。锅中喷油，放入蒜末小火炒出香味。

3 将金针菇摆在盘中，上面放上炒好的蒜末，倒上蒸鱼豉油。锅中加水烧开，放入准备好的面糊和金针菇，蒸20分钟。在蒸好的金针菇上撒上红甜椒粒和葱花即可。

4 另取一锅，加水烧开，放入豆腐、虫草花、盐、鸡粉、白胡椒粉烧开。下小白菜和鱼丸，再煮1分钟。

TIPS

蒜末小火炒出香味即可，不可炒过，口感会发苦。

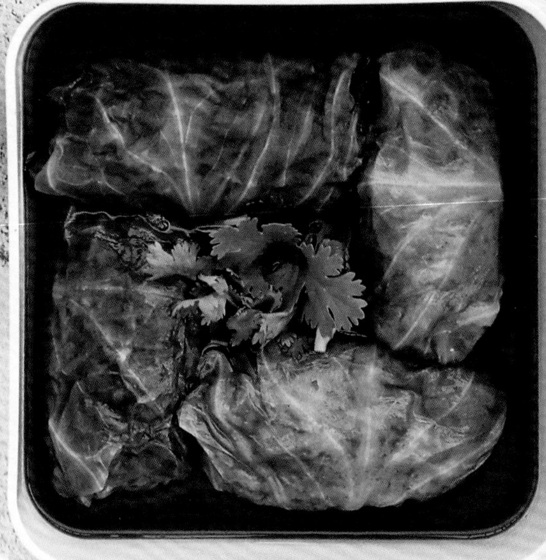

营养说

肉尽量选择无油的方式加工，可以有效减少脂肪摄入，再搭配膳食纤维较丰富的蔬菜，不仅可以大大降低热量，还可以减少胃肠道的消化负担。

三米饭、圆白菜肉卷、青椒胡萝卜炒蘑菇、罗汉果茶

用蔬菜把肉卷起来，利用肉中的脂肪加高汤炖煮，少油、少油烟，一份既健康又营养的美食就做好了。

30分钟

450千卡

三米饭	198千卡
圆白菜肉卷	191千卡
青椒胡萝卜炒蘑菇	52千卡
罗汉果茶	9千卡

用料

三米饭（见P23）…1份
肉松…5克
芝麻…3克

圆白菜肉卷
圆白菜…150克
猪肉馅（见P24）…1份
香菜…5克
高汤…15毫升
番茄酱…15克
水…300毫升

青椒胡萝卜炒蘑菇
青椒…50克
胡萝卜…50克
平菇…150克
山茶油…5毫升
高汤…10毫升
生抽…10毫升
盐…1/4小勺
孜然粉…2克

罗汉果茶
罗汉果…4克
热水…300毫升

做法

1 三米饭和猪肉馅提前解冻。圆白菜取叶，入沸水焯软，片去硬梗。

2 将肉馅分成4份，分别放在4片菜叶上，卷一圈后将左右两边向内对折，继续卷好。

3 用意大利面（材料外）把圆白菜肉卷固定好。

4 码入锅中，加入高汤、番茄酱、水，沸腾后中火煮15分钟，出锅时撒香菜。

5 青椒去籽、切滚刀块，胡萝卜切菱形片，平菇撕小朵。

6 锅中喷上山茶油，加入胡萝卜翻炒30秒。

7 放入平菇，中火炒1分钟，加高汤、生抽、盐调味。

8 待汤汁略稠后加入青椒炒软，加入孜然粉。三米饭上撒肉松和芝麻。罗汉果加热水冲泡。

TIPS

1 肉松是自制无油无糖版，也可购买低脂肉松。

2 取圆白菜叶时，可以用温水边冲洗边取，避免菜叶破掉。也可以用保鲜膜包好，微波炉高火加热2分钟，使它变软。

冬阴功魔芋汤

花点儿时间，用点儿心思，在看似烦琐的烹饪过程中找回一种久违的淡然和宁静。或许明天就如这碗火辣的冬阴功汤般值得期待！

25分钟

335千卡

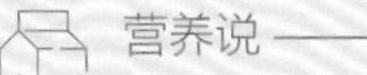

营养说

番茄中富含维生素C，又因为含有苹果酸、柠檬酸，即使加热也能保留部分维生素C不受损失。

用料

杏鲍菇…200克　虾…100克　高汤…15毫升　小米辣…2根　柠檬汁…5毫升

番茄…200克　魔芋丝…130克　南姜…4片　椰浆…50毫升　鱼露…5毫升

洋葱…100克　香菜…20克　冬阴功酱…15克　罗汉果代糖…5克

做法

1 杏鲍菇纵向切片，番茄、洋葱切块，小米辣切斜段，南姜切片。

2 虾去虾线，柠檬对半切开，香菜切碎。

3 锅里放入500毫升清水，加入高汤、南姜、冬阴功酱、小米辣，煮至沸腾。

4 放入杏鲍菇、番茄和洋葱煮3分钟。

5 放入虾，煮至变色。

6 放入魔芋丝。

7 放入椰浆、罗汉果代糖、鱼露，煮至沸腾后关火。

8 加入香菜碎和柠檬汁即可。

TIPS

1 南姜可以用普通姜代替。

2 椰浆可以不放，做成清汤的冬阴功汤。

3 汤底材料翻倍，可以做成冬阴功火锅。

加餐

无花果茶奶冻

无花果营养价值和颜值都很高，用它做一份小零食，让你加餐时拥有一份好心情！

30分钟

95千卡/份

营养说

无花果的白色乳汁中含有天然的酶，有助人体消化吸收。丰富的膳食纤维可促进肠道蠕动，预防便秘。

用料（2份）

无花果…1个　罗汉果代糖…10克　白凉粉…16克　牛奶…50毫升

罗汉果…3克　热水…400毫升　自制酸奶…100克　吉利丁片…10克

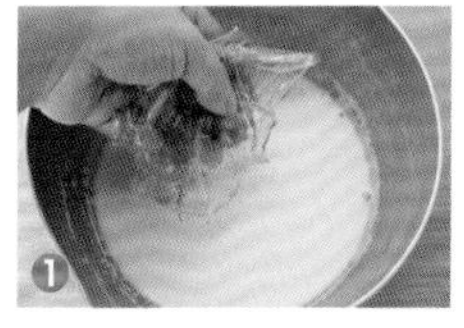

做法

1 吉利丁片用冷水泡软。牛奶小火加热至锅边出现微小气泡时关火，加入吉利丁片搅拌至彻底化开。

2 加入酸奶搅拌均匀后过滤到玻璃碗中，放入冰箱冷藏、凝固半小时。

3 罗汉果掰小块，放入茶壶中，倒入热水，闷5分钟，加入罗汉果代糖。

4 罗汉果茶过滤后放入奶锅中，加入白凉粉煮沸，放至温凉。

5 取出酸奶冻，在上面摆上切片的无花果。

6 倒入罗汉果茶冻液，放入冰箱冷藏1小时即可。

TIPS

1 白凉粉中一般含有葡萄糖，制作时要酌情减少糖的使用量。

2 罗汉果茶冻液要放至温凉，约40℃，太热了容易把酸奶冻化开，太凉了就结冻了。

第2天

早餐

玉米甜甜圈、空炸鱼丸、木瓜牛奶银耳羹

天气凉时，把水果加热后再吃，可以减少胃肠道的不适。

20分钟

495千卡

玉米甜甜圈	298千卡
空炸鱼丸	82千卡
木瓜牛奶银耳羹	115千卡

营养说

木瓜富含丰富的木瓜酵素和维生素C，木瓜酵素可以分解蛋白质、糖类，促进新陈代谢。

用料

玉米甜甜圈

玉米粉…20克

黄豆粉…20克

中筋面粉…20克

奶粉…10克

玉米粒…20克

酵母粉…1克

空炸鱼丸

鱼丸…1份

山茶油…3毫升

木瓜牛奶银耳羹

木瓜…250克

牛奶…50毫升

银耳…5克

做法

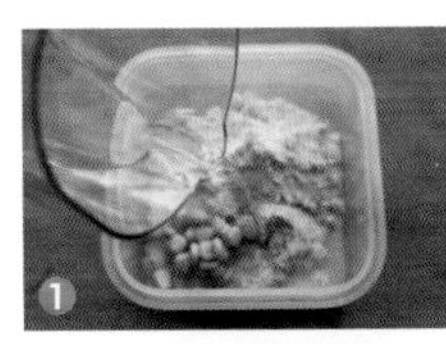

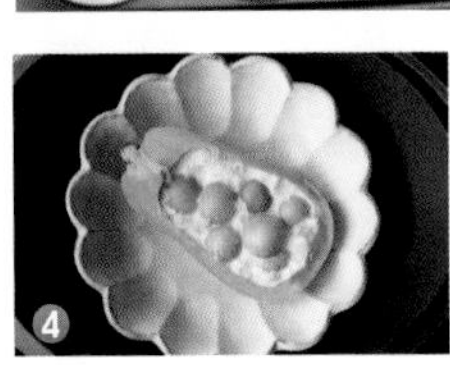

1 提前一晚将银耳放入冷藏室泡发。将玉米粉、黄豆粉、中筋面粉、奶粉、酵母粉和玉米粒放入保鲜盒里，倒入60毫升水，搅拌成面糊。盖上盖子，放入冷藏室发酵一晚。

2 取出面糊，轻微搅动去除气泡，倒入裱花袋中，挤入早餐机的甜甜圈模具中，做熟。

3 鱼丸中喷入山茶油，放入空气炸锅中，180℃加热8分钟。

4 木瓜对半切开，去籽后用挖勺器挖出小球。银耳去根、剪小朵，放入木瓜中，倒入牛奶。放入蒸锅中，水开后蒸10分钟。

TIPS

没有空气炸锅可以直接用平底锅。

营养说

豌豆苗含丰富的钙质、B族维生素、维生素C、胡萝卜素及人体必需的氨基酸。适合清炒、焯水凉拌和制作沙拉生食，可以最大程度保留其营养价值。

黑椒牛肉意面、清炒豌豆苗、桂圆红茶

健康的饮食习惯需要坚持，合理搭配每一餐，兼顾美味和营养，可以让坚持变成一种幸福。

35分钟

517千卡

黑椒牛肉意面	396千卡
清炒豌豆苗	80千卡
桂圆红茶	15千卡
无花果	26千卡

用料

黑椒牛肉意面
酱牛肉（见P23）…75克
青椒…50克
洋葱…100克
意大利面…50克
蒜…2瓣
橄榄油…5毫升
蚝油…15毫升
生抽…10毫升
盐…1/2小勺
黑胡椒碎…1小勺
高汤…10毫升

清炒豌豆苗
豌豆苗…250克
蒜…2瓣
山茶油…5毫升
盐…2克
鸡粉…2克

桂圆红茶
桂圆干…5克
红茶…1包

无花果…1个（40克）

做法

1 酱牛肉提前放冷藏室解冻，将酱牛肉、青椒、洋葱切条，蒜切片。

2 将意大利面煮至八分熟，捞出沥干。

3 锅中喷入橄榄油，放入蒜和洋葱炒香。

4 加入青椒翻炒，放入蚝油、生抽、高汤、盐和50毫升水。

5 加入酱牛肉条翻拌均匀，撒入黑胡椒碎。加入意大利面拌匀。

6 豌豆苗焯水，捞出后沥干水分。

7 锅中喷入山茶油，加入蒜片炒香，加入豌豆苗大火翻炒10秒。

8 加盐和鸡粉调味。桂圆干和红茶包放入杯中，倒入热水冲泡3分钟。

TIPS

1 意大利面煮后要沥干水分，用水浸泡容易稀释酱汁，使味道变淡。

2 豌豆苗非常脆嫩，要用大火急炒，避免炒过。

杂蔬海鲜烘蛋

简单、营养又让人充满食欲的晚餐，下班回来，不足半小时就可以吃上啦！

25分钟

479千卡

营养说

豆腐、虾和扇贝中都含有丰富的钙，与甜椒中丰富的维生素C搭配食用，可大大增加食物中营养素的吸收效率。

用料

豆腐…100克	土豆…200克	盐…1/2小勺	山茶油…10毫升
鸡蛋…2个	虾…50克	红椒粉…3克	石榴…50克
甜椒…100克	扇贝肉…30克	黑胡椒碎…1/2小勺	无糖气泡水…300毫升

做法

1 土豆去皮、切小丁，甜椒切小丁。

2 豆腐切小块，虾去皮、去虾线，鸡蛋打散备用。

3 锅中倒入山茶油，加入土豆丁翻炒熟。

4 将土豆丁、甜椒丁、豆腐丁、虾和扇贝肉放入蛋液中，加入盐、红椒粉、黑胡椒碎调味。

5 锅中喷入山茶油，倒入拌匀的蔬菜蛋液。

6 小火煎至底部凝固后倒入盘中，放进烤箱，180℃烤10分钟。

7 杯中放入石榴粒，用叉子把石榴粒扎破，流出汁液。

8 放入冰块后倒入无糖气泡水即可。

TIPS

红椒粉是甜椒做的，起增色、增香的作用，没有可不加。

银耳山药蛋糕

这是一款没有添加泡打粉、酵母粉等膨松剂的小糕点，利用鸡蛋打发的气泡，使成品松软可口。

30分钟

12千卡/块

营养说

山药中含有天然淀粉酶等物质，有助脾胃消化吸收。黏多糖物质与矿物质结合，可以形成骨质，辅助软骨增加弹性。

用料（16块）

泡发银耳…50克

铁棍山药…60克

鸡蛋…2个

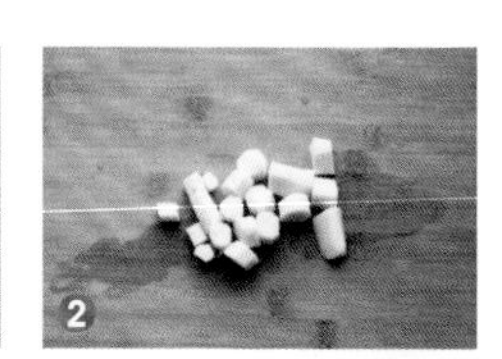

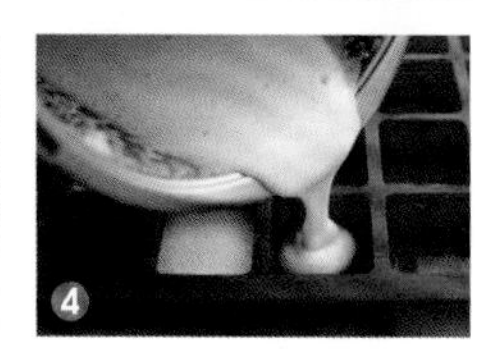

做法

1 银耳加水煮30分钟，捞出沥干水分。

2 铁棍山药去皮、切小段。

3 将银耳、铁根山药和鸡蛋放入料理机中，搅打1分钟。

4 倒入模具中，烤箱175℃预热，烤制12分钟即可。

TIPS

如觉口味清淡，可加少许代糖增加风味。

第3天

豆腐牛肉堡、芒果酸奶

用低脂、健康的豆腐和燕麦片做的汉堡坯会让你吃起来毫无压力。

20分钟

687千卡

豆腐牛肉堡	530千卡
芒果酸奶	157千卡

营养说

这一餐虽然热量不低，但因为是复合碳水，还有肉和蔬菜，所以升糖和消化速度不会很快。

用料

豆腐牛肉堡

酱牛肉…1份

南豆腐…85克

即食燕麦片…30克

奶粉…10克

泡打粉…1克

鸡蛋…1个

西葫芦…50克

圆白菜…50克

生菜…30克

番茄…50克

橄榄油…5毫升

盐…1/4小勺

黑胡椒碎…1/4小勺

芒果酸奶

芒果…50克

自制酸奶…200克

做法

1 将南豆腐、即食燕麦片、奶粉、泡打粉放入料理机中搅拌均匀。

2 西葫芦、圆白菜切丝，加入鸡蛋、盐、黑胡椒碎搅拌均匀。

3 模具中喷入橄榄油。分别倒入豆腐面糊和蔬菜蛋液，两面煎熟。

4 依次摆好豆腐饼、生菜、蔬菜蛋饼、切片的番茄、酱牛肉、蔬菜蛋饼、豆腐饼，用竹扦固定。芒果切小块，放入酸奶中。

TIPS

1 西葫芦和圆白菜可以换成其他蔬菜。

2 酱牛肉本身调过味，因此汉堡无须其他酱料调味。

三米饭、五彩蔬菜肉粒、桑葚茶

健康的饮食需要食材多样、营养均衡，简单地说就是用不同色彩、不同类型的食物来丰富每一餐，既赏心悦目，又满足营养需求。除了食物味道上有冲突的以外，都可以搭配在一起制作。

30分钟

579千卡

三米饭	198千卡
五彩蔬菜肉粒	350千卡
桑葚茶	14千卡
草莓	6千卡
蓝莓	11千卡

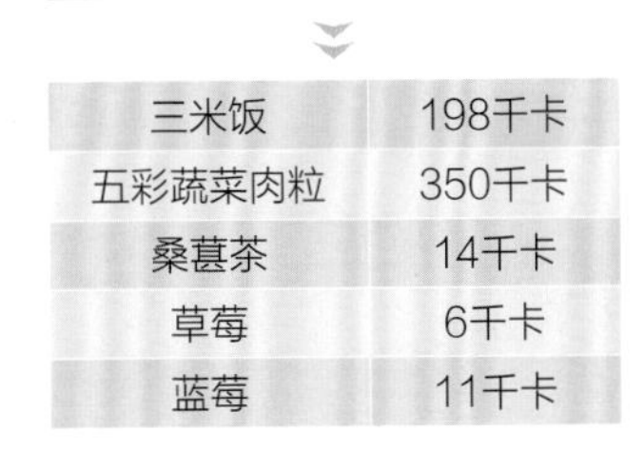

营养说

绿色食物多含丰富的叶绿素、叶黄素、胡萝卜素、维生素C以及钙等矿物质；红色食物富含茄红素、铁以及维生素A、维生素C、维生素E，有很强的抗氧化作用，能增强皮肤对紫外线的抵抗力；橙黄色食物富含叶黄素、胡萝卜素等，有利于视力的健康；紫色食物因富含花青素，有强大的抗氧化能力，可以帮助维护眼睛和大脑健康。

用料

三米饭（见P23）…1份
肉松…3克
海苔…1克
芝麻…2克

五彩蔬菜肉粒
猪肉馅（见P24）…1份
鸡蛋…1个
豌豆粒…70克
胡萝卜…70克
蟹肉棒…50克
料酒…5毫升
盐…1/4小勺
玉米油…5毫升

桑葚茶
桑葚干…5克
热水…300毫升

草莓…20克
蓝莓…20克

做法

1 三米饭和猪肉馅提前一晚拿到冷藏室解冻。胡萝卜切小粒，和豌豆粒、蟹肉棒分别焯熟。焯好的蟹肉棒切小段。

2 鸡蛋加入料酒和盐打散。锅中喷玉米油，倒入鸡蛋，边煎边用筷子搅动，煎成蛋碎后盛出。

3 继续在锅中放入猪肉馅，煎熟后盛出。

4 三米饭用微波炉高火加热2分钟后装盒，上面撒上肉松、海苔和芝麻。另一便当盒装上五彩蔬菜肉粒。桑葚干放入杯中，用热水冲泡3分钟。搭配草莓和蓝莓。

TIPS

猪肉馅事先调过味，其他菜不用再额外调味，吃的时候拌在一起即可。

鱼丸菌菇荞麦面

蘑菇中含有大量水分，用微压锅来制作，只需加入少量水，就会得到一份天然的高汤。

20分钟

379千卡

营养说

菌菇中含有大量谷氨酸等鲜味物质，是不可多得的自然鲜味调味料。不同的菌菇有着不同的营养特征，如香菇含有香菇多糖，可提高免疫力；金针菇富含锌，又被称为“增智菇”；口蘑中含有天然维生素D，可促进钙的吸收等。

用料

鱼丸（见P24）…1份

海鲜菇…100克

金针菇…100克

白玉菇…50克

香菇…50克

白萝卜…150克

空心菜…80克

荞麦面…50克

芝麻…5克

小葱…15克

生抽…30毫升

料酒…20毫升

海带…50克

木鱼花…5克

做法

1 白萝卜切块，海鲜菇、金针菇、白玉菇、香菇去根，小葱切葱花，木鱼花装入料包中备用。

2 锅中加水，放入生抽、料酒、海带和木鱼花包。

3 水烧开后加入白萝卜和所有菌菇，中火煮5分钟。

4 加入荞麦面煮熟。

5 加入鱼丸和空心菜，煮至沸腾。

6 最后加入芝麻和葱花即可。

TIPS

空心菜可换成其他绿叶蔬菜，增加蔬菜的摄入。

加餐

烤红薯条

一份优质的零食应该低油、低盐、低糖，这份红薯条全都满足，无任何添加，烤出来韧劲十足，绝对健康。

15分钟

52千卡/份

营养说

红薯是理想的减肥食物，富含纤维素和果胶，有很强的饱腹感，而热量却比白米饭要低很多，营养素种类也更多。部分人吃红薯会有烧心的感觉，可以试试把皮洗干净一起食用，会有所改善。

用料（5份）

红薯…300克

做法

1 红薯去皮后切成粗条。

2 锅中加水烧开，放入红薯条煮5分钟。

3 捞出后沥干水分。

4 烤盘铺好烘焙油纸，放上红薯条，180℃烤40分钟。

TIPS

烤制过程中注意观察，以免过火。

第4天

草莓面包、蒜烤三文鱼蔬菜、蓝莓酸奶

用大自然中天然的颜色来点缀餐桌上，让每一天都拥有一份好心情！

35分钟

584千卡

草莓面包	273千卡
蒜烤三文鱼蔬菜	179千卡
蓝莓酸奶	132千卡

用料

草莓面包

中筋面粉…60克

奶粉…10克

红曲粉…2克

酵母粉…1克

水…60毫升

芝麻…1克

蒜烤三文鱼蔬菜

三文鱼…100克

红甜椒…30克

胡萝卜…50克

豌豆粒…20克

蒜…2瓣

橄榄油…10毫升

柠檬…3片

盐…1/2小勺

综合香草…3克

黑胡椒碎…1/2小勺

蓝莓酸奶

蓝莓…50克

酸奶…200克

营养说

三文鱼富含ω-3脂肪酸，有助延缓大脑衰老及维护眼部健康。虾青素是强抗氧化剂，可对抗自由基以及增强细胞再生能力。

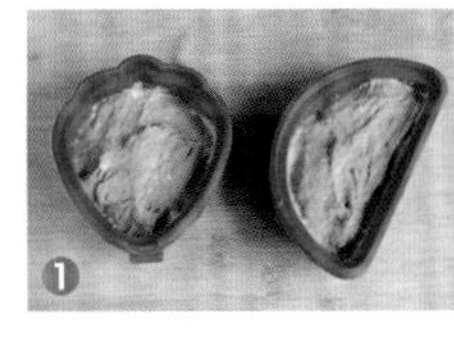

做法

1 提前一晚将中筋面粉、奶粉、红曲粉、酵母粉放入保鲜盒，加水拌成面糊后冷藏、发酵。取出面糊，轻搅去大气泡，在模具里放上芝麻，倒入面糊。

2 蒜切末，与橄榄油、盐、综合香草、黑胡椒碎拌在一起。均匀涂抹在三文鱼上，放上柠檬片，腌制10分钟。

3 红甜椒切开，去籽后切条，胡萝卜对半切开。将腌好的三文鱼、红甜椒、胡萝卜、豌豆粒一起放在烘焙油纸上，倒入剩余的调料汁。

4 将面糊、三文鱼和蔬菜一起放入烤箱中，160℃烤制20分钟。蓝莓放入酸奶中。

TIPS

也可将红曲粉换成其他各种颜色的蔬菜粉，来丰富餐桌色彩。

三米饭三明治、咖喱番茄鱼丸、柚香薄荷绿茶

夹着牛肉的三明治、香气浓郁的咖喱番茄鱼丸、含丰富维生素C的冬枣和仪式感十足的水果茶，都会让你充满能量。

35分钟

682千卡

三米饭三明治	500千卡
咖喱番茄鱼丸	134千卡
柚香薄荷绿茶	20千卡
冬枣	28千卡

营养说

冬枣的维生素C含量很高，每天只要吃50克，就可以满足成人一天维生素C的需求量。不仅有抗氧化的作用，对于钙和铁的吸收，维生素C也作为助剂参与其中。

用料

三米饭三明治

三米饭（见P23）…1份

酱牛肉（见P23）…50克

蟹肉棒…30克

胡萝卜…50克

黄瓜…30克

鸡蛋…1个

料酒…5克

盐…1/4小勺

芝麻酱…10克

柠檬汁…5毫升

脱脂花生粉…3克

温水…10毫升

芝麻…3克

生抽…3毫升

蜂蜜…3克

咖喱番茄鱼丸
鱼丸（见P24）…1份
番茄…150克
菜花…150克
山茶油…5毫升
水…200毫升
咖喱粉…3克
脱脂花生粉…5克
蚝油…10毫升
生抽…10毫升
盐…1克
脱脂牛奶…50毫升
番茄酱…15克

柚香薄荷绿茶
西柚…15克
绿茶…1包
薄荷叶…3片
纯净水…350毫升

冬枣…25克

做法

1 提前把三米饭、酱牛肉和鱼丸拿到冷藏室解冻。酱牛肉切粗条、胡萝卜切丝、黄瓜切片。

2 鸡蛋加料酒和盐打散，煎成蛋饼后切成两份。

3 案板上铺一张保鲜膜，把一半三米饭放在上面，整形成方形。涂上所有调料调成的沙拉酱，依次放上鸡蛋饼、黄瓜片、胡萝卜丝，再淋少许沙拉酱。

4 再把酱牛肉条和蟹肉棒穿插摆放在上面。再放上胡萝卜丝、黄瓜片、鸡蛋饼、沙拉酱和三米饭。

5 用保鲜膜包起来，从中间切开，放在便当盒里。

6 番茄切块、菜花切小朵。锅中喷入山茶油，加入番茄炒出汁，放入菜花翻炒。加番茄酱和水煮5分钟，加入咖喱粉、脱脂花生粉、蚝油、生抽、盐调味。

7 放入鱼丸再次煮开，最后加入脱脂牛奶。

8 西柚切片后去皮，薄荷叶拍出香味，和绿茶包一起放入杯中，倒入纯净水。搭配冬枣。

TIPS

1 自制沙拉酱可以一次多做些，放到密封罐中冷藏保存，一周内吃完。

2 咖喱调料一般搭配椰浆制作，但热量较高。用脱脂牛奶制作，既增加了汤汁的醇厚感，又比椰浆的热量要低很多。

海鲜沙茶魔芋面

沙茶面是福建地区久负盛名的特色小吃，其中还蕴含一段感人的亲情故事：一位孝子为了恢复母亲的味觉，不断尝试做各种美食，将花生粉和从印度带回来的沙茶粉混合，做成了一碗浓香四溢的沙茶面，结果失去了味觉的母亲再一次品尝到了人间美味。

25分钟

297千卡

营养说

沙茶酱属重油制作，含油量偏高，使用时尽量过滤油脂，减少油脂摄入量，增加低脂、高纤维的配菜，享受美食的同时平衡热量的摄入。

用料

虾…80克	豆腐泡…50克	豆芽…50克	魔芋丝…130克	脱脂花生粉…5克
花蛤…50克	香菇…50克	生菜…100克	沙茶酱…20克	水…300毫升

做法

1 香菇切片。

2 虾去虾线，花蛤用盐水浸泡半小时吐沙。

3 锅中倒水，加入沙茶酱、脱脂花生粉搅匀。

4 中火加热至水沸腾，加入豆腐泡再次煮沸后关火。

5 另一锅中加水烧开，依次放入魔芋丝、豆芽、香菇、生菜，烫熟后捞出。

6 继续加入虾、花蛤，烫熟后捞出。

7 大碗中放入魔芋丝、豆芽、香菇、豆腐泡、油菜、虾和花蛤。

8 淋上沙茶酱汤即可。

TIPS

操作时也可以把食材放在沙茶酱汤中一起煮，但要注意不同食材的煮制时间及顺序，避免煮得过老，水和调料的量也要适当增加。

加餐

奇亚籽百香果饮

奇亚籽近年来受到了很多追求健康人士的喜爱。被制作成饼干、面包、饮料等多种食品，用它自制一份超低热量的饮品，弹性十足的口感融合百香果特有的香气，都将成为生活里的那一点与众不同。

20分钟

24千卡/杯

营养说

奇亚籽含有蛋白质、ω-3脂肪酸、膳食纤维、B族维生素以及钙、镁、铁、锌、钾等多种矿物质。具有稳定血糖、预防便秘、防止肥胖等功效。但因为膳食纤维特别丰富，食用期间要注意增加水的摄入量，防止便秘，建议每天食用不要超过15克。

用料（3杯）

百香果…2个

奇亚籽…10克

罗汉果代糖…10克

温水…300毫升

凉白开…300毫升

做法

1 百香果对半切开，过滤出百香果汁。

2 将奇亚籽放入杯中。倒入50℃左右的温水，搅拌1分钟。

3 加入百香果汁、罗汉果代糖和凉白开，继续搅拌1分钟即可。

TIPS

1 搅拌是为了让奇亚籽的膳食纤维能够软化，漂浮在水中。

2 水可以用凉白开，也可以用纯净水。

第5天

早餐

仙人掌山药糕、蒸冬瓜球、牛奶蛋羹

山药做的蒸糕松软可口，加上营养丰富的牛奶蛋羹和膳食纤维丰富的冬瓜，分外美好。

30分钟

449千卡

仙人掌山药糕	311千卡
蒸冬瓜球	15千卡
牛奶蛋羹	123千卡

用料

仙人掌山药糕

铁棍山药…100克

低筋面粉…50克

鸡蛋…1个

抹茶粉…1克

泡打粉…5克

蒸冬瓜球

冬瓜…150克

高汤…5毫升

蒸鱼豉油…10毫升

葱花…5克

牛奶蛋羹

鸡蛋…1个

牛奶…100毫升

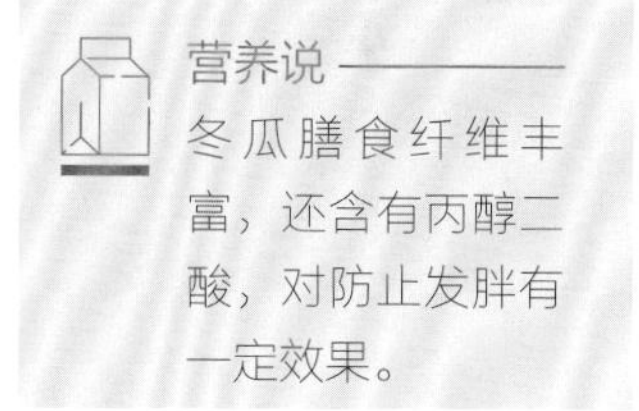

营养说

冬瓜膳食纤维丰富，还含有丙醇二酸，对防止发胖有一定效果。

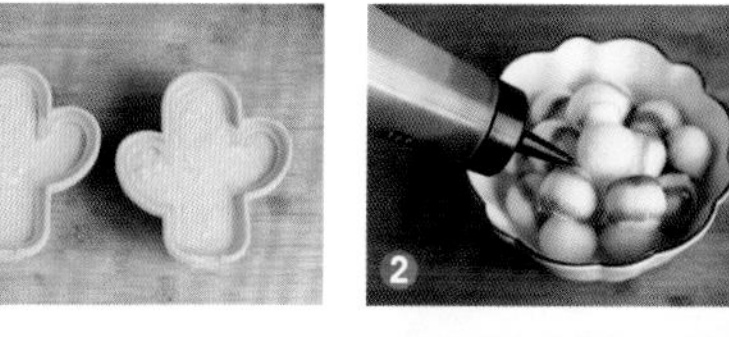

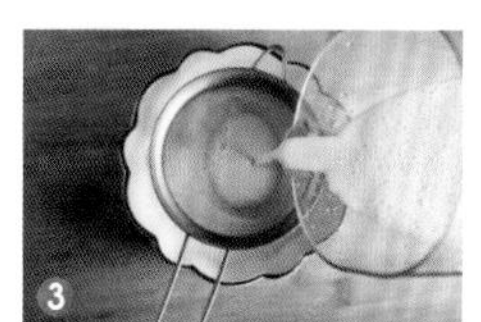

做法

1 山药去皮、切小块，抹茶粉加20毫升水溶化。将山药、鸡蛋、低筋面粉、抹茶粉、泡打粉用料理机打成面糊，倒入模具中。

2 冬瓜用挖球器挖成球，放入碗中。加入高汤、蒸鱼豉油。

3 鸡蛋加入牛奶打散，过滤到碗中。

4 将准备好的食材放入蒸锅，水开后蒸15分钟，出锅时在冬瓜和蛋羹上撒上葱花。

TIPS

1 给山药去皮时戴手套可以防止皮肤发痒。

2 过滤蛋液，可以让成品表面更光滑。

营养说

韭菜中的辛香味是其所含的硫化物所形成的，这些硫化物有一定的杀菌消炎作用，不过它遇热易挥发，所以烹调时需急火快炒。

三米饭厚蛋烧、酱牛肉、韭菜杏鲍菇炒豆干

午餐的热量一般占全天的40%左右，且肉类食物最好是在午餐时食用，这样会给予身体充分的营养及饱腹感，不会因为饥饿而导致增强晚上的食欲，最终摄入过多的热量而增加肥胖的风险。

30分钟

638千卡

三米饭厚蛋烧	267千卡
酱牛肉	184千卡
韭菜杏鲍菇炒豆干	144千卡
圣女果	15千卡
蓝莓	28千卡

用料

三米饭厚蛋烧

三米饭（见P23）…1份

鸡蛋…1个

玉米油…5毫升

生抽…10毫升

酱牛肉（见P23）…1份

韭菜杏鲍菇炒豆干

韭菜…150克

杏鲍菇…100克

豆干…40克

玉米油…5毫升

生抽…10毫升

蚝油…10毫升

鸡粉…3克

圣女果…60克

蓝莓…50克

桂花乌龙茶…1杯

做法

1 三米饭和酱牛肉提前解冻。锅中喷入玉米油，加入三米饭翻炒，加生抽调味。

2 盛出后用保鲜膜整形成长条。

3 锅中喷入玉米油，倒入打散的鸡蛋液，底部稍凝固后放上三米饭。

4 用蛋皮包起三米饭，卷成蛋卷。放凉后切段。

5 韭菜切段、豆干切条、杏鲍菇切细条。

6 锅中放入玉米油，加入杏鲍菇后盖上盖子，小火焖1分钟。

7 加入韭菜，中火快炒，加入生抽、蚝油、鸡粉调味。

8 最后加入豆干翻拌入味。搭配酱牛肉、圣女果、蓝莓、桂花乌龙茶。

TIPS

杏鲍菇中含有大量水分，用小火慢炒可让水分充分渗出，作为天然高汤，增加菜肴的鲜味。

高汤关东煮

关东煮是日本小吃，用昆布和木鱼花做的高汤味道鲜美，无须过多调味，吃起来咸鲜适中。因为是由多种食材组成，营养丰富。可以直接吃原味，也可以蘸芥末酱、辣椒酱，别有风味。

35分钟

368千卡

营养说

食材丰富，营养也丰富。为增加饱腹感，也可以加入魔芋块或魔芋丝。

用料

玉米…150克	蟹肉棒…100克	昆布…20克	薄盐酱油…25毫升
胡萝卜…100克	娃娃菜…100克	木鱼花…30克	罗汉果代糖…5克
香菇…50克	藕…100克	水…1000毫升	低脂黄芥末酱…10克
白萝卜…100克	鱼丸（见P24）…1份	味醂…15毫升	

做法

1 锅里倒水，加入昆布，中小火煮10分钟，不要煮沸。

2 取出昆布，加入木鱼花，中火煮沸2分钟，过滤出600毫升高汤。

3 玉米斩成段、胡萝卜和白萝卜切大块、香菇切花刀、蟹肉棒切段、娃娃菜切大块、藕切厚片、鱼丸穿成串。

4 锅中加入高汤、味醂、薄盐酱油、罗汉果代糖，搅拌均匀。

5 加入玉米、白萝卜、藕、胡萝卜炖煮15分钟。

6 加入香菇、蟹肉棒、娃娃菜、鱼丸一起煮3分钟，煮好后捞出，蘸低脂黄芥末酱食用。

TIPS

1 昆布与海带略有不同，没有也可以互替，但口味略有差异。

2 昆布在60℃左右鲜味释放得最好，所以高汤制作时不要煮沸。

3 薄盐酱油可用蒸鱼豉油代替。

加餐

紫薯布丁

紫薯和牛奶都是低脂肪、低热量且营养密度高的食材，是加餐的好帮手。

30分钟

38千卡/份

营养说

紫薯中营养素非常丰富，较为突出的是甲基花青素、绿原酸等植物活性物质，抗氧化作用很强。富含的纤维素可促进肠胃蠕动，预防便秘及延缓糖类和脂肪吸收。

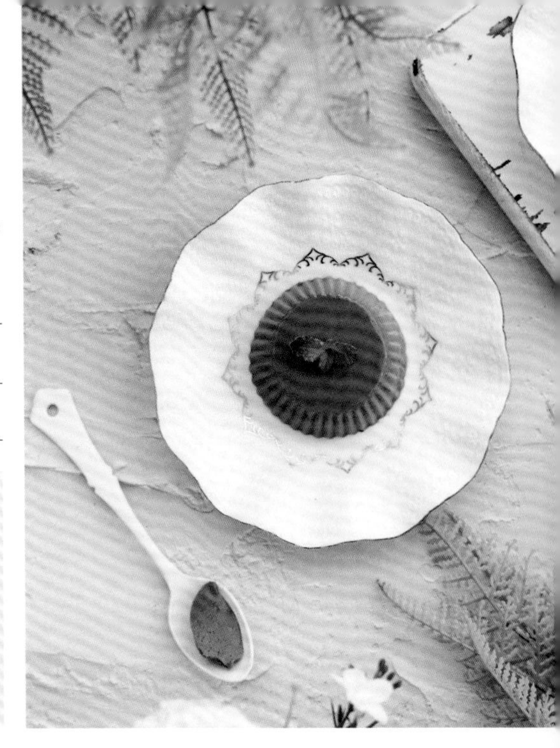

用料（共10份）

紫薯…100克

牛奶…400毫升

吉利丁片…10克

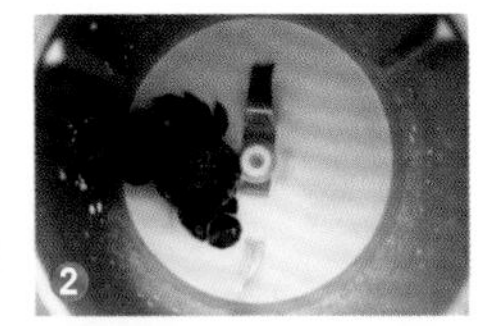

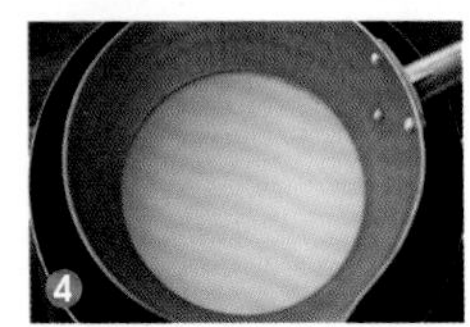

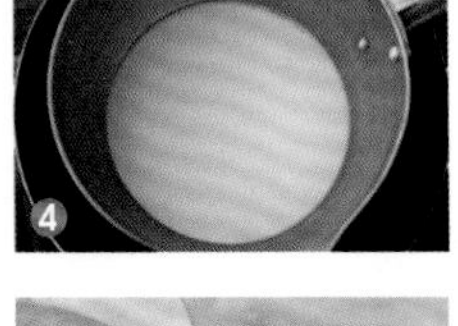

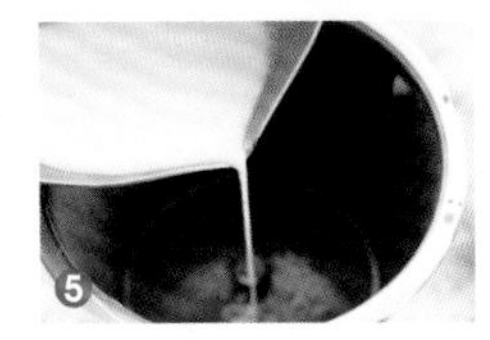

做法

1 紫薯切片后入蒸锅，蒸制15分钟。

2 加入300毫升牛奶，用料理机搅打成细腻的紫薯奶。

3 吉利丁片用冷水泡软。

4 锅中倒入100毫升牛奶，加热至锅边起小泡，关火。

5 加入泡软的吉利丁片搅拌至化开，与紫薯奶搅拌均匀。

6 倒入模具中，放入冰箱冷藏1个小时即可。

TIPS

1 根据紫薯片的薄厚程度，适当调整蒸制时间。

2 紫薯奶如有太多泡沫，可过滤后使用。

第6天

早餐

燕麦蔬菜挞、可可牛奶

操作简单，营养却很丰富的一份早餐，包含了人体所需的碳水化合物、优质蛋白以及富含维生素、矿物质和膳食纤维的蔬菜。

20分钟

549千卡

燕麦蔬菜挞	483千卡
可可牛奶	66千卡

用料

燕麦蔬菜挞

即食燕麦片…30克

香蕉…80克

西葫芦…50克

紫茄子…50克

胡萝卜…50克

酱牛肉（见P23）…1份

鸡蛋…1个

水…50毫升

盐…1/4小勺

黑胡椒碎…1/4小勺

可可牛奶

可可粉…2克

脱脂牛奶…150毫升

营养说

紫茄子皮中丰富的维生素P能增强细胞间的黏着力，从而增强毛细血管的弹性，有助维护血管健康。

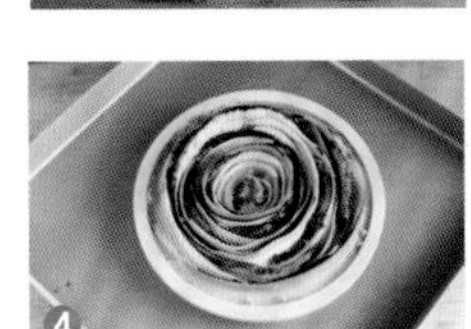

做法

1 香蕉压成泥，加入燕麦片拌匀。放入模具中压平，烤箱180℃预热，烤10分钟。

2 西葫芦、紫茄子、胡萝卜刨成片，酱牛肉切片。

3 鸡蛋加盐、黑胡椒碎、水一起打散。

4 将蔬菜片和牛肉片交替摆放在烤盘里，淋上蛋液。烤箱180℃预热，烤制25分钟。牛奶中加入可可粉，用料理机搅拌1分钟即可。

TIPS

如果使用金属模具，可涂一层薄油，方便脱模。

玉米松饼挞、香菇焗豆腐、洛神纤体饮

周末的午餐不同于平时，要有令人幸福的仪式感！精致的玉米松饼挞，可爱的香菇焗豆腐，再配上粉红的洛神纤体饮，满足一个人独处、两个人约会、三个人畅谈、一群人狂欢的所有需求。

30分钟

633千卡

玉米松饼挞	495千卡
香菇焗豆腐	114千卡
洛神纤体饮	24千卡

营养说

挞底可以有很多选择，比如藜麦饭、杂粮饭、紫薯泥、生牛肉和三文鱼等。这次用玉米松饼制作，颜值和营养都很棒。

用料

玉米松饼挞
玉米粉…20克
黄豆粉…20克
中筋面粉…20克
奶粉…10克
酵母粉…1克
水…60毫升
鸡蛋…1个
蟹肉棒…20克
牛油果…50克
虾…50克
苜蓿苗…5克
橄榄油…5毫升
盐…1/4小勺
黑胡椒碎…1/4小勺

香菇焗豆腐
香菇…80克
豆腐…50克
虾…15克
豌豆粒…10克
马苏里拉奶酪碎…5克
盐…1/4小勺
黑胡椒碎…1/4小勺

洛神纤体饮
洛神花…3朵
橙子…20克
芒果…30克
猕猴桃…15克
柠檬…15克
奇亚籽…3克
热水…100毫升
纯净水…300毫升

做法

1 将玉米粉、黄豆粉、中筋面粉、奶粉和酵母粉放入大碗中，加水，发酵半小时。

2 虾去壳、去虾线。牛油果取果肉，用叉子压成泥，加入盐、黑胡椒碎调味。

3 鸡蛋打散，锅中喷入橄榄油，分别将虾仁和鸡蛋煎熟。

4 烤盘中倒入发酵好的玉米面糊，煎至双面金黄。

5 在玉米松饼上抹上牛油果泥，再摆上鸡蛋、蟹肉棒和虾，用苜蓿苗装饰。

6 香菇去蒂，虾去壳、去虾线后切成小块。

7 豆腐压成泥，与虾、豌豆粒、盐和黑胡椒碎一起放入碗中拌匀。

8 把豆腐虾泥酿在香菇里，上面撒奶酪碎。

9 烤箱170℃预热，烤制20分钟。

10 橙子切片、去皮，芒果切块、猕猴桃去皮、切片，柠檬切片。

11 把洛神花放入茶壶中，加入热水浸泡5分钟。

12 水温热时加入水果和奇亚籽，再加入纯净水，浸泡半个小时即可。

TIPS

1 苜蓿苗可以用其他香草代替。

2 茶饮可以提前一天制作，冰箱冷藏，味道更佳。

晚餐

薯泥烤千层茄子

焦香软糯的土豆泥，口感丰富的茄子肉馅，一道让你吃了会充满幸福感的晚餐。

45分钟

370千卡

营养说

土豆和洋葱贡献主要的碳水化合物，肉馅提供优质蛋白和少量脂肪，番茄属深色蔬菜，加热后会产生有抗氧化作用的番茄红素，茄子里丰富的维生素E、维生素P及膳食纤维都为身体提供了必需的营养物质。

用料

洋葱…100克
番茄…200克
紫茄子…100克
猪肉馅（见P24）…1份
土豆…150克
橄榄油…15毫升
牛奶…20毫升
盐…1/4小勺
黑胡椒碎…1/2小勺
番茄酱…10毫升

做法

1 土豆去皮、切块，放入蒸锅蒸15分钟。
2 趁热将土豆压成泥，加入5毫升橄榄油、牛奶、盐、1/4小勺黑胡椒碎拌匀。
3 洋葱切细丝，番茄切块，紫茄子切片。
4 紫茄子加入10毫升橄榄油腌制10分钟。
5 将紫茄子倒入锅中，中火煎至两面金黄，盛盘。
6 锅中放入洋葱炒软，加入猪肉馅翻炒至焦黄。
7 加入番茄，中小火炒出汁，加入番茄酱炒至收汁。
8 在烤盘中先放入一半炒好的番茄肉馅，摆上煎好的茄子，再放上另一半番茄肉馅。
9 最后放上土豆泥，烤箱180℃预热，烤制20分钟即可。

TIPS

1 不喜欢吃番茄皮，可以在番茄上用刀划十字，用开水浸泡1分钟，去掉外皮。
2 肉馅是事先腌制好的，制作过程中无须添加多余调味料。

加餐

高纤小面包

这是一款富含膳食纤维的小面包，小小的一个，却能带来超强的饱腹感，作为加餐再合适不过了。

30分钟

52千卡/个

营养说

洋车前子壳粉中的膳食纤维含量丰富，而且主要是由半纤维素组成，它不能被人体消化，但是可以在肠道内分解，成为肠道益生菌的食物，有益肠道健康。

用料（6个）

全麦粉…40克
洋车前子壳粉…10克
奇亚籽…15克
泡打粉…5克
罗汉果代糖…2克
盐…0.5克
苹果醋…5毫升
鸡蛋…1个
温水…50毫升

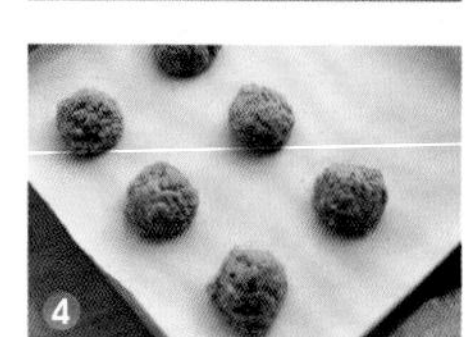

做法

1 将苹果醋、鸡蛋和温水外的其他材料放入大碗中，翻拌均匀。

2 将苹果醋、鸡蛋和温水混合，搅拌均匀。

3 将两部分材料混合，用刮板拌成面团，静置10分钟。

4 将面团分成6份，整成圆形，烤箱160℃预热，烤制30分钟。

TIPS

这款面包因为膳食纤维含量很高，食用时一定要注意增加饮水量，避免便秘。

第7天

早餐

燕麦红薯派、烤蔬菜

在主食中增加奶类和蛋类，可以有效延缓食物吸收速度和血糖上升速度。注意进食顺序，比如先吃蔬菜，再吃蛋类、肉类，最后吃碳水化合物，可以起到类似作用。

20分钟

498千卡

燕麦红薯派	391千卡
烤蔬菜	77千卡
猕猴桃	30千卡

用料

燕麦红薯派

即食燕麦片…30克

香蕉…80克

红薯…100克

鸡蛋…1个

牛奶…80毫升

香草膏…1克

椰子片…5克

蔓越莓干…5克

烤蔬菜

荷兰豆…150克

胡萝卜…100克

橄榄油…3克

盐…1/4小勺

黑胡椒碎…1/4小勺

猕猴桃…50克

营养说

不同豆类蔬菜的碳水化合物含量不同，在减脂期间，尽量吃豆荚类，或像毛豆这样含水量大的豆类蔬菜。

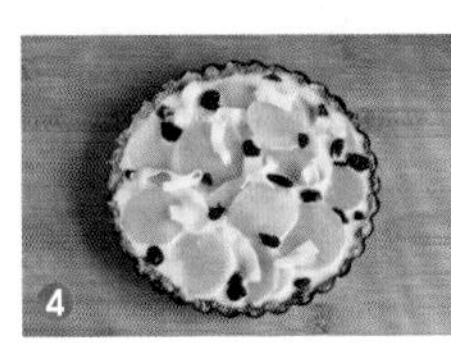

做法

1 香蕉压成泥，加入燕麦片拌匀。烤盘喷一层薄油，放上香蕉燕麦泥，用勺子压成派底。

2 胡萝卜切条，与荷兰豆一起入油盐水中焯至断生，捞出沥干。烤箱180℃预热，将香蕉燕麦派底、荷兰豆、胡萝卜烤制10分钟，撒黑胡椒碎。

3 红薯切片，入沸水焯2分钟，捞出后沥干。

4 鸡蛋加入牛奶、香草膏打散。将红薯片放入派底中摆好，倒入蛋奶液。表面撒椰子片和蔓越莓干，烤箱170℃预热，烤制30分钟。

TIPS

1 香草膏起增香作用，没有可不加。椰子片可以用杏仁片或其他坚果代替。

2 蔬菜焯水后再烤制，可以防止变黄。

菠菜丹波小面包、甜椒酿肉、鱼丸虾仁串、多酚葡萄水

如果家里突然有客人到访，有了事先准备好的材料，大可不必惊慌！做个快手的菠菜丹波小面包，再把鱼丸和蔬菜穿成串，简单好吃的甜椒酿肉，还有低糖、健康的水果饮，都可以让大家对你的厨艺大加赞赏！

35分钟

602千卡

菠菜丹波小面包	220千卡
甜椒酿肉	181千卡
鱼丸虾仁串	180千卡
多酚葡萄水	21千卡

营养说

菠菜丹波小面包非常适合在时间仓促的情况下完成，即使没有其他配菜，也可以满足一餐的基本需求，同样适合用来做早餐和晚归时的晚餐。

用料

菠菜丹波小面包（2人份）
全麦粉…100克
牛奶…70克
盐…1克
泡打粉…5克
红薯泥…20克
菠菜叶…25克
奶酪…10克
橄榄油…10毫升
黑胡椒碎…1/4小勺
孜然粉…1/4小勺

甜椒酿肉
红甜椒…100克
猪肉馅（见P24）…1份
葱花…10克

鱼丸虾仁串
鱼丸（见P24）…1份
虾…50克
香菇…20克
圣女果…15克
生抽…5毫升
蚝油…10毫升
水…20毫升
罗汉果代糖…3克
芝麻…3克

多酚葡萄水
红提…40克
橙子…20克
蓝莓…20克
凉白开…300毫升

做法

1 将鱼丸虾仁串的所有调料和水放入小碗中，搅拌均匀。
2 提前将猪肉馅、鱼丸拿至冷藏室解冻，菠菜叶切碎。
3 将制作面包的所有材料放入大碗中，拌匀后捏成面团，放到模具中静置10分钟，切成8等份。
4 红甜椒对半切开、去籽，香菇切小块，虾去皮、去虾线，圣女果横切成两半。
5 将猪肉馅分成两份，放入红甜椒内。
6 将香菇、虾、鱼丸、圣女果用竹扦穿成串，刷上调料汁。
7 烤箱180℃预热，将所有食材放入烤箱，烤制15分钟。在甜椒酿肉上撒葱花。
8 橙子切片后去皮，红提切开、去籽。
9 用叉子扎破红提果肉和蓝莓，将水果放入杯中，倒入凉白开浸泡半个小时即可。

TIPS

面包材料拌成面团即可，无须过度搅拌，以免影响成品松软度。

寿喜烧

去掉原方中热锅时用到牛油，和蘸食的生鸡蛋，保留了对身体更有益的食材，是一道值得推荐的健康美食。

25分钟

382千卡

营养说

这是一份典型的高蛋白、高纤维、低碳水化合物的美食。不建议晚上不吃饭，或只吃蔬菜等饱腹感过低的食物，长时间下去容易造成营养不良，或者忍受不了饥饿，过量加餐后造成减重失败或体重反弹。

用料

牛肉片…100克　香菇…50克　大葱…50克　生抽…20毫升　水…50毫升

茼蒿…100克　北豆腐…100克　魔芋丝…130克　味醂…30毫升　白砂糖…5克

金针菇…100克　洋葱…50克　山茶油…5毫升　清酒…30毫升　日式高汤…200毫升

做法

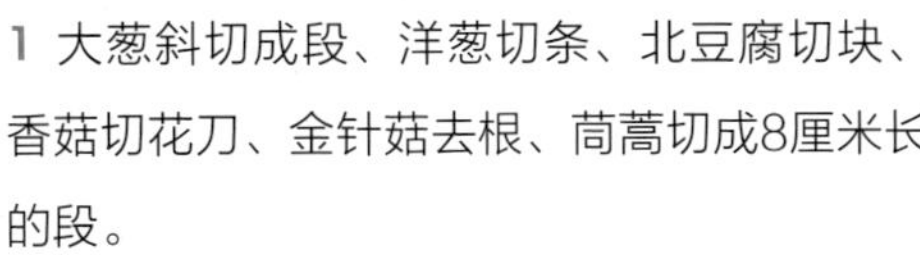

1 大葱斜切成段、洋葱切条、北豆腐切块、香菇切花刀、金针菇去根、茼蒿切成8厘米长的段。

2 将豆腐放入锅中，小火煎至两面金黄。

3 将生抽、味醂、清酒、水倒入小锅中，煮至沸腾，酒精挥发。

4 锅中喷入山茶油，开小火，加入大葱和牛肉片慢煎。

5 在牛肉片上撒上白砂糖，煎至牛肉片半熟即可。

6 加入调料汁和日式高汤。

7 放入煎豆腐、金针菇、香菇、洋葱煮3分钟。

8 最后加入魔芋丝和茼蒿煮熟即可。

TIPS

1 生抽可用海鲜酱油、蒸鱼豉油代替，味醂可用糯米酒代替，清酒可用米酒代替。

2 调料汁先煮一下，可以挥发掉大部分酒精的味道，避免成品酒味过重。

3 煎肉时撒白砂糖可以将肉纤维撑大，更容易入味，也可以换成红糖、黑糖。

魔芋可可蛋糕

网红魔芋蛋糕在家也可以轻松制作，低脂、低糖的健康配方，口感松软，轻盈无负担。

40分钟

23千卡/个

营养说

用魔芋粉代替低筋面粉，减少碳水化合物的同时，增加了膳食纤维的摄入。乳清蛋白粉让整款蛋糕中蛋白质含量也提高了。

用料（8份）

蛋清…3个	魔芋粉…15克	可可粉…5克	柠檬汁…5滴
蛋黄…1个	乳清蛋白粉…5克	罗汉果代糖…15克	香草精…5滴

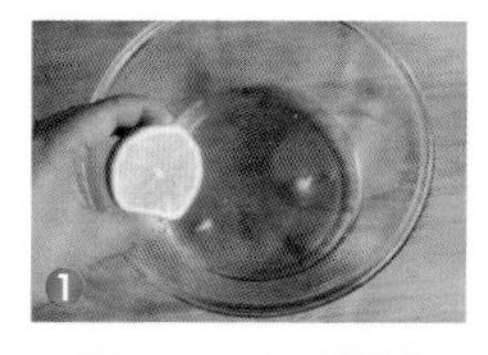

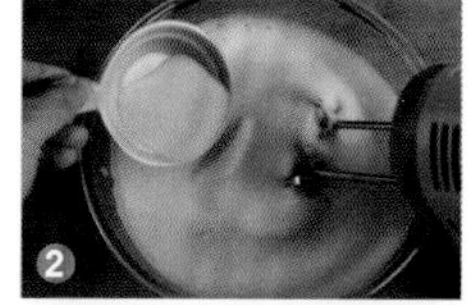

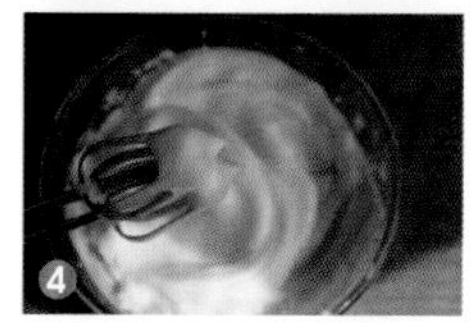

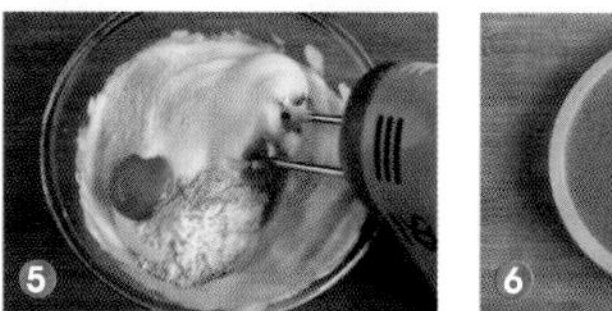

做法

1 在蛋清中加入柠檬汁、香草精，加入1/3的罗汉果代糖，用搅拌器慢速搅打。

2 略有粗泡时，再加入1/3的罗汉果代糖，继续搅打。

3 当泡沫开始变细腻时，加入剩余罗汉果代糖。

4 打至抬起搅拌器，出现小尖角即可。

5 在打好的蛋白糊中加入蛋黄、魔芋粉、乳清蛋白粉、可可粉，搅拌均匀。

6 将拌好的蛋糕糊倒入模具里，烤箱165℃预热，烤制30分钟即可。

TIPS

1 魔芋粉遇水会快速膨胀，膨胀后较难处理，不建议与蛋黄拌在一起，直接放到蛋白糊中快速搅拌均匀即可。

2 可可粉可替换成抹茶粉、咖啡粉，或者做成原味的。